生活本无应许之地
存在主义心理学的无为而为

杨吉膺 Mark Yang 著　　丁思博 译

北京联合出版公司
Beijing United Publishing Co.,Ltd.

图书在版编目（CIP）数据

生活本无应许之地：存在主义心理学的无为而为 / 杨吉膺著；丁思博译. -- 北京：北京联合出版公司，2023.7

ISBN 978-7-5596-6916-2

Ⅰ.①生… Ⅱ.①杨…②丁… Ⅲ.①存在主义—心理学学派—研究 Ⅳ.①B84-066

中国国家版本馆CIP数据核字(2023)第087076号

生活本无应许之地：存在主义心理学的无为而为

作　者：杨吉膺
译　者：丁思博
出品人：赵红仕
责任编辑：徐　樟
封面设计：袁　园

北京联合出版公司出版
（北京市西城区德外大街83号楼9层　100088）
北京联合天畅文化传播公司发行
北京美图印务有限公司印刷　新华书店经销
杭州真凯文化艺术有限公司制版
字数160千字　880毫米×1230毫米　1/32　8.875印张
2023年7月第1版　2023年7月第1次印刷
ISBN 978-7-5596-6916-2
定价：58.00元

版权所有，侵权必究
未经许可，不得以任何方式复制或抄袭本书部分或全部内容
本书若有质量问题，请与本公司图书销售中心联系调换。电话：（010）64258472-800

Catalogue
目　录

第一章　故事之美 / 001

　　故事的灵感 / 003

　　完美的住宿和早餐 / 006

　　"普拉达"的觉醒 / 014

　　存在的鸟鸣声 / 016

　　三杯咖啡 / 021

　　终身学徒工 / 026

第二章　人本主义教育：点燃蜡烛，传递火种 / 037

　　平行过程和具身化 / 055

　　见证 / 062

起身，让我们拥抱吧！ / 064

第三章 布鲁斯的故事：通过一首歌的相遇 / 071

放手 / 076

黑暗中的对话 / 081

放下技术 / 087

放下目标 / 089

相信过程 / 092

真诚和一致性：成为我们自己 / 095

打好根基的重要性 / 101

无为 / 105

专注 / 113

结构和流动 / 117

臣服而非征服 / 125

"强治疗"和"弱治疗" / 127

空性 / 131

陪伴和存在的孤独 / 143

孤独和焦虑 / 147

自我关怀 / 148

完美 / 150

完美书店 / 153

"破旧酒吧" / 157

准备 / 164

治疗师的勇气 / 167

丁香花 / 172

第四章 特蕾西的故事：混乱中的稳定 / 181

谦逊和灵活性 / 185

信念与信任 / 187

聆听未闻之声 / 192

全情投入：进入状态 / 197

平静和漫无目的 / 200

一份无价的礼物 / 207

第五章 佩特鲁斯的故事：苦难中的陪伴 / 217

陪伴的力量 / 219

IV　生活本无应许之地：存在主义心理学的无为而为

勇气与创造 / 225

见证 / 227

诗意而纯粹的反馈 / 230

简单的翻译：婴儿口中的智慧 / 239

相遇：出现 / 249

美 / 251

参考文献 / 264

第一章

故事之美

学生不是等待填满的容器，而是即将被点燃的蜡烛。

根据古老的东方传统，真正的大师会身体力行地教授弟子，就像一支燃烧的蜡烛能够点燃另一支。大师代表了在弟子身上存在但尚未完全发掘的真相，用印度谚语来说，他的目的是帮助弟子觉知到永恒的上师（Guru）和导师就在自己心里。当弟子成功地做到这一点时，就不需要外在的大师和中间人了。简而言之，大师的目的是证明自己是多余的，因为本无大师，也本无弟子。（Fausset，1969）

故事的灵感

这本书献给我在亚洲进行存在-人本主义心理学培训的过程中已经遇到和即将遇到的所有学生。一路走来，我和无数激励人心、令人振奋的故事相遇，每一个故事都激励着我留在亚洲，继续推广存在-人本主义心理学和"道"的方式。人类的戏剧性在故事中得到了最好的例证，那是关于痛苦、牺牲、勇气、灵感和美的故事。一句古老的哈西德教派谚语说：

给人们一个事实或观念，即可启发他们的思想；
给人们一个故事，便能触碰他们的灵魂。
——《炼金术》（Alchemy）

人本主义心理咨询师和作家谢尔顿·科普（Sheldon Kopp）分享了另一个哈西德教派的故事，关于上帝因为喜欢故事而创造人类。

从前有一位伟大的拉比（法师），当以色列人民遇到灾难的威胁时，他会到森林里冥想，点燃篝火，做特别的祈祷，为人民消灾解难，祈求平安。拉比的弟子也会到森林里为民祈福，但他向上帝坦承，自己忘记了如何点火。不过，灾难仍因此被避免。再后来，另一位拉比也到森林里去，同样请求上帝为人民消除灾难。尽管他不知道如何点火，也不知如何祈祷，但他向上帝祈求，说他确实知道这个地方。这就足够了。最后，为民祈福的任务落在了里津的以色列拉比（Rabbi Israel of Rizhyn）身上。他坐在扶手椅上，手扶着头，向上帝祈求："我不会生火，也不会祈祷，甚至无法在森林中找到那个用来祈祷的地方。我能做的就是讲这个故事，这就足够了。"而这的确足够了。（Kopp，2013）

故事可以理解为个人的神话，因此故事可以支撑我们。然而，许多人对自己的神话并不熟悉。当有人邀请我们分享自己的故事时，我们常常会讲述自己的成就或收获。但我们的个人神话，就像支撑整座房屋的隐藏梁柱（May，1991），它是关于我是谁的，而非我做了什么。我们是为了履历而活，还是为了自己的悼词而活？（Brooks，2014）了解一个故事需要时间。[1]当我们不再花时间倾听彼此的故事时，我们就会找专家去诉说，并让这个专家告诉我们应该如何生活。另一条哈西德教义宣称，两个犹太人相遇时，只要其中一个遇到问题，另一

---

[1] 关于东西方神话的存在主义观点的更多的资料，请参考由大学教授出版社（University Professor Press）出版的《东西方存在主义心理学》（第一卷修订和扩展版）和《东西方存在主义心理学》（第二卷）。

个人就会自动成为拉比（Kopp，2013）。一个好的心理治疗师就是这样一个拉比，他是痛苦和美的鉴赏家，也是音乐的热爱者，耐心地、一遍又一遍地聆听来访者故事中的主题和旋律的变化；他也是一个怀旧爱好者，过去的时光无论是好是坏，他都百听不厌（Storr，1990）。心理治疗师是来访者生命的旅客，和督导师一起谦卑地臣服于来访者的经历，准备学习，期待沉醉于他们分享的故事。

因此，这本书是"道"的寓言、教学故事、我一路上遇到的学生的生活故事，以及我的几位杰出的学生与他们的来访者共同创作的故事的合集。这些关于我学生的故事，每一个都代表了一次深深的相遇，这本书是献给他们的，因为他们分享的故事以各种方式丰富了我的生活。而现在，我将从我的角度，以明显带有"道"的色彩的方式，与你分享他们的故事。

完美的住宿和早餐

道家推崇在黑暗中寻找智慧，因此，我首先讲述的是一个关于失败和沮丧的故事。读研究生的第一年，许多心理学专业的学生首先要忍受的是为期一年的统计学和研究方法的学习，这些内容是经验主义的基础。按照自然科学的方法论，学生被要求进行操作化处理，也就是定义研究目标的结构。正是本着这样的精神，一位我称之为"探寻者"的认真的学生，不厌其烦地要求我给"存在"下一个定义。她一开始就问我，是不是一位存在主义心理咨询师。我给予肯定的回答，并为回答接下来的问题做好了准备——因为我已有所感觉，这并非一个简单的询问。果然，她告诉我，关于存在的问题已经困扰她很久了，她期待我给她一个能够让她满意的、关于存在的定义。当然，这是一个合理的要求——鉴于我认为自己是一个存在主义心理学家，然而，我却被难住了！

其他几位学生感觉到了我的纠结，帮我解释说，存在是无法定义的，并敦促她慢下来，耐心等待，看看在两天的工作坊活动中可能会经历什么。然而，每一轮劝说都让这位探寻者变得更加焦躁不安。我知道自己目前只能做到这样，我没有"高明"的答案来使她满意。我谦虚地告诉她，我没有这样的定义，因为这是一项不可能的任务。为了回应她的询问，减轻她的焦虑，我提及了《道德经》开头的几句名言："道可道，非常道；名可名，非常名。"此外，如果我有时间的话，还会把英国小说家萨默塞特·毛姆（Somerset Maugham）在他的《面纱》（*The Painted Veil*）一书中写的这篇描述"道"的美丽散文（可能是受到《道德经》第七十三章的启发）提供给这位探寻者。

道就是路和走在路上的人。这是一条万物生灵都要走的永恒之路，但并非被谁所创造，因为它本身就是万物。道是万物，也是虚空。万物循道而生，依道而行，最终万物复归于道。道为方，却无棱角，道为声，却无由听到，道为象，却无形无状。道是一张巨大的网，它的网眼像海一样阔，可什么东西也休想疏漏过去。道是为万物提供庇护的圣所。道无处可寻，可无须望向窗外，你都可以见着。不管愿意还是不愿意，道都教会了世界万物去自行其道。谦卑者将会保全自己。能弯能曲者终将挺直脊梁。失败是成功之母，成功背后也埋下失败的种子。但谁又能知道那转折点在何时到来呢？以和为贵的人可能会变得温顺如孩童。谦和能使进取的人大获成功，使防备之人安然无恙。能够战胜自己的人才是真正强大的人。（Maugham，2004）[1]

《道德经》第七十三章

天之道，不争而善胜，不言而善应，不召而自来，

---

[1] 毛姆. 面纱[M]. 黄永华, 译. 北京：人民文学出版社, 2020.

坦然而善谋。天网恢恢，疏而不失。

译文：自然的规律是：不必争斗而常胜，不必言语却善于应对，无须召唤而自会到来，真诚坦然却善于谋划。大自然无边无际，虽然宽广却从不错漏。

很不幸，我的回答增加了这位探寻者的挫折感，因为她以更强烈的语气坚持她的询问，而且看上去还有一点愤怒。我不想让她失望，受现象学的启发，我进一步解释说，生活中许多重要的事情都是主观的，无法客观地定义。我们能做到的最好就是去描述事物，同时承认真正的现实对于我们来说是——而且将永远是——未知和无从得知的。然后我请她给爱下定义，希望能说服这位探寻者慢下来，反思她自己的体验。

在这个时刻，许多学生（包括我自己）已经对这种交流感到失望，只能鼓励这位探寻者停止发问并等待。看到自己的请求是徒劳的，她退回到角落的座位上。当天剩下的时间里，她一直闷闷不乐，没有试图参与任何对话。一种黑暗、忧郁的能量弥漫在工作坊之中。第二天，当她选择不再来时，我才意识到自己的挫败。理性地讲，我知道自己已经尽力了，同时直觉也告诉我，在她强烈的追问背后，很可能是个人内在的动力在起作用。然而，我无法摆脱轻微的挫败感和沮丧感，因为我无法提供一个适当的答案，无法向这位执着的探寻者提供更多帮助。

然而，失败蕴藏着智慧的种子。两个月后，我的另一位学生与我分享了一个非常类似的例子——当时她被一位同事要求给出存在主义心理学的定义。她的同事也是一位执着的探寻者，不依不饶地要我的学生给出一个适当的定义。我的学生感到愤怒，最后告诉这位同事，她无法给出一个令他满意的定义。然而，她与这位同事分享了她对存在主义心理学的喜爱，并继续举例说明存在主义心理学如何影响了她的生活。这成功地使这位同事安静下来，后来，他为他的霸道无理向我的学生道歉。

这位学生的回答启发了我。它让我想到，存在的议题只能主观地体验，所以尽管两位探寻者都在寻找客观的定义，但他们寻求的答案必须通过主观去体验。他们必须承担一种主观责任。从这位学生那里，我学到的是，虽然看起来很矛盾，但分享我们自己的主观经验而非客观定义，很可能是最有说服力的。卡尔·罗杰斯（Carl Rogers）通过针对"会心小组"的大量工作认识到："最个人化的东西也是最普遍的东西。如果一个人能够以自己的体验去理解什么是最真实的，并且通过内心最深处的感受和理解知道什么是对自己来说最独特的，那么每个人最个人化的、独一无二的东西一旦分享或表达出来，就可能深入他人的内心世界。"（Rogers，1961）詹姆斯·布根塔尔（James Bugental）的大部分著作和工作都致力于研究主观的重要性，他非常理解这个悖论。他写道："然而，这里有一个悖论：我们的共同之处主要在客观领域，我们的个性主要在主观领域。可是在主观性的深处，所有人甚至是所有生命之间存在着一种更微妙的联系。"（Bugental，1999）这一定是老子和萨默塞特·毛姆所说的"网"——尽管它的网眼像大海或宇宙一样宽广，却不漏一物。

我不太可能再遇到那位探寻者。然而，未满足她期望的那种失望感，成为我向其他探寻者传授关于存在本质的主客观之间悖论的动力。实际上，如果我有机会再遇到那位探寻者或是其他像她一样的人，我会给出一个非常不同的答案。我不会试图解释或教导，而是向探寻者提供我对存在的个人体验。我会与她分享，十多年前我动身去亚洲之前，最后看了我的狗一眼，在我看来，那就是存在。因为极具讽刺意味的是，正是在最后分离的那个时刻，我对存在的感触最深。我会继续与她分享，尽管我的狗一直在我身边，但每次把它从兽医那里接回来时，我对它的存在感受最深。它看向我的无助眼神仿佛在问我，怎么能把它留在那样一个孤独冰冷的地方一整天。这眼神会融化我的心，帮助我重新感受到我对它一直存在的爱。这种爱一直存在，但正是因为经历了脆弱与痛苦，我才与它有了更深的联系。我不确定探寻者会对我主观的"定义"作何反应，我想，我自己的主体性也许会与她探寻背后的痛苦相联系。但我永远也不会知道真相如何，我所知道的只是她执着的质问给我带来了痛苦。但这也让我对存在的定义或意义有了更深的理解，积累了更多可与他人分享的知识。

虽然那位探寻者无法从我的主观分享中受益，但玛格丽特的丈夫、完美书店的共同拥有者马克斯，却被这个故事的内核所触动[1]。完美书店是举办这个工作坊活动的书店，故事就是在这里发生的。幸运的是，在后来的工作坊中，我得以在完美书店分享我对存在的新"定义"。当我们在房间里轮流分享各自对存在的主观定义时，马克斯分享说，这样的时刻在他的脑海中很清晰——书店开业前的一个春天的下午，他感觉到自己与当下和存在的联结有多么深刻。那时，所有的窗户都打开了，空气很清新，他独自一人在书店里心满意足地组装着一个又一个木制书架。这一刻对他来说意义深远，原因有很多：这个书

---

[1] 完美书店的故事可以在本书的第三章找到。

店代表了他妻子对梦想的追求，而他也乐于参与其中；同时，这也代表着一种在周围人中少见的自由。这还重新唤起了他对木工的热爱，这份热爱曾因为日常生活的"现实"而被抛在脑后。他的分享是凄美的、真诚的，并产生了涟漪，因为我在随后的多次工作坊活动中与学生分享他的故事。

但故事并没有就此结束，因为完美书店变成了完美的床和早餐！一年后，玛格丽特的丈夫与我分享，他决定辞去工作开一家民宿，这样他就可以重新从事木工工作，追求自己的梦想。哇！我既大吃一惊，又深受鼓舞，同时充满了焦虑。"你确定吗？"我问他。他向我保证，这不是一个冲动的决定，因为他很清楚即将承担什么，并在财务方面做了精心准备。马克斯的同事都"羡慕嫉妒"他，但与此同时，他也能感觉到同事在目睹他以如此冒险的方式生活时感到的不安。这一故事还在继续。马克斯和玛格丽特敢于认真承担起作为自己生活创造者的责任，他们正在使自己的存在完美。在我写这本书时，他们已经卖掉了完美书店，并投入对完美民宿的经营。这是另一种形式的放手，因为他们共同认识到，存在是不能延迟的！

正是这些勇敢的故事激励我选择留在亚洲。但马克斯、玛格丽特和我并不孤单，还有许多人也在为追求意义而勇敢地过着自由的生活。维克多·弗兰克尔（Victor Frankl）为"活出生命的意义"和"追求意义的意志"（这是他两本书的书名）这样辩护：他认为，口渴的本能是水存在最有效的证据，因为除非有水的存在，否则自然界创造出口渴这件事，就是莫名其妙的。同样，一个人追求意义的意志，可以比作类似口渴的本能。继续读这些故事，你会发现人对意义的追求意志是多么不屈不挠。在见证了这些故事之后，我怎能不留在亚洲，参与到这部戏剧中，参与到具有创造性和滋养人心的故事里，并在本书中与你分享这些鼓舞人心的片段呢？让我继续和你讲讲黛西的故事，这是一个穿越时空的关于自由之梦的故事。

"普拉达"的觉醒

有一段时间，黛西一直在考虑辞去她的猎头工作，成为一名全职心理治疗师。她分享了一个故事，说她拜访了一位事业有成的女性高管，那位高管的生活非常舒适，赚的钱多得花不完。在黛西被领进豪华的办公室后，这位高管兴奋地向她展示文件柜里的东西。黛西期待着看到这位高管收藏的工艺品，期望能看到一本又一本的书籍或最高机密文件，可她看到的却是一堆昂贵的高端时装鞋。这位高管感叹她的工作，并对黛西说："当我可以被我真正喜爱的美丽事物包围时，我为什么要在这里存放和工作相关的工艺品呢？"黛西很震惊，她发现自己很同情这位被困住的高管——她非常成功，但依旧不快乐。反观自己，黛西也意识到她目前作为一个成功的猎头，追求十分空虚。她对自己发誓，决不允许自己变得像这位高管一样。

就在同一年，黛西的祖母去世了。她的祖母是一个自我奉献的模范，从不允许自己为自己而活。黛西很感激她的祖母，但也为其未曾为自己而活而感到非常难过。黛西告诉自己，在为他人服务的过程中，不能丢掉自我。

最后，黛西决定给生活按下暂停键，独自一人背包穿越印度。黛西能说流利的英语，但她在印度遇到的人并不都是这样。黛西发现，她生活中的很多"需要"都是幻觉。自己其实可以真正地流浪，只需要很少的东西就可以在物质和心理方面感到满足。黛西后来遇到了一个萨满，萨满为黛西占卜："你已经准备好去做你想做的事了。"这时，她最终确认了。

黛西在旅行结束后回国，并迅速递交了辞呈。她现在的收入只有以前的1/10，过着非常简单的生活。她重新发现了简单的快乐。这个故事的最后一块美丽的拼图是，黛西作为一名事业有成的女性，虽然以前经常约会，但从未遇到那个对的人；而她来到工作坊时，已经怀着6个月的身孕，这是她的第一个孩子！

存在的鸟鸣声

虽然我从未见过詹姆斯·布根塔尔本人，但这位美国著名的存在-人本心理咨询师通过他的著作和教学视频，成了我的导师。我在亚洲传承他的衣钵时，经常鼓励学生在做心理咨询时聆听乐曲而非有歌词的歌曲。布根塔尔用一种很好的方式，向我们展现如何促进心理咨询的进程，比如鼓励来访者"表达自己的感受，而不是谈论自己的事"。这意味着在心理咨询中，最重要的往往不是表达的内容，而是表达的方式。尤金·简德林（Eugene Gendlin）是聚焦疗法的创始人，他传授了同样的理念。简德林展示了一项研究，该研究发现，即使是受过很少培训甚至没有受过培训的大学生，也能根据倾听来访者表达自己的方式，识别出高效或无效的咨询方式。当然，识别出来很容易，但做到运用有效却很难（Bugental，1999）。

电影《肖申克的救赎》是一部很美的艺术作品，它同样阐释了听乐曲而非听歌词的原则。听说《肖申克的救赎》在中国的许多影迷心中是排名前十的作品，我认为这部电影之所以在不同文化中具有如此广泛的吸引力，是因为它戏剧化地展现了存在主义的主题。这些主题具有普遍性，能产生跨文化的共鸣。这就是为什么我在亚洲的许多工作坊中使用这部经典电影，从存在主义的角度来阐述自由的概念。

正是在一次这样的工作坊之后，一位年轻女士与我分享了她美好的梦境。我将先介绍引出这个梦的背景，再详细描述她的梦。在我看来，她的梦境产生于电影史上最动人的片段之一，那个片段充满了深刻的象征意义。如果你看过《肖申克的救赎》，就会知道我说的"听音乐"指的是哪个片段。我用这个片段来教导受督者（即心理治疗师的学生），心理咨询和生活就是要创造和拥抱这种瞬息转变时刻——是的，在咨询过程中，的确有可预测的阶段。但最重要的不是经历这些普遍的阶段性进展，而是那些美妙的瞬息转变时刻带来的意识、视角和态度的根本性变化。至关重要的是，我们要拥抱生活中的这种旋律和机会，拥抱创造和反叛的时刻，并抓住它们，去创造能改变生活的美。如果过分专注于提前设定的计划或寻找连续的阶段，我们很可能会错失这些重要的创造机会。

这些时刻总共不到咨询时长的1/100，但转变恰恰发生在这些短暂而永恒的1/100的时刻。其他99%的时间并非不重要，治疗计划是有必要的，因为它帮助治疗师梳理思维，管理自己的焦虑。不耕耘，哪来的收获？毕竟，电影的主角安迪"只"花了6年时间，每周都写信给官员，图书馆才得以建成。他有自己的愿景，有坚持不懈的毅力，但如果没有一个行动计划和坚持下去的决心，图书馆就不会建成，安迪其他有意义的生活规划也不会成功。

然而，安迪始终有选择的自由和灵活性。他在这个美好的创造时刻从身边溜走之前，识别并抓住了它。那天清早醒来的安迪并没有想到，未来他将解放肖申克监狱的囚犯；他甚至无法预料到，在坚持不懈地写了6年信后，得到了图书馆的建设作为回报。安迪不可能预测或计划这样的时刻，然而矛盾的是，他一生都在为这样一个时刻做准备。他对歌剧、文学和艺术的了解，很可能是终身培养的结果。此外，反叛的勇气来自他作为囚犯承受的早期殴打和定期虐待，包括在图书馆信件运动中取得难得的成就后，他胜利的庆祝立即遭到了狱卒的无礼对待。安迪通过这一有意义的创造和反叛行为，维护了自己的尊严，宣泄了自己的愤怒。

但让我们回到音乐和摩根·弗里曼（Morgan Freeman）饰演的瑞德的优美叙述上：

> 我从未搞懂那两位意大利女士在唱什么，其实我也不想知道。最好的事物都很难用语言描述。她们唱

出难以言表的美，美得令人心碎。

我和你说，那歌声直入云霄，超越失意囚徒的梦想。那歌声宛若翩跹的鸟儿飞入牢房，使牢墙消失无踪……就在这一瞬间，肖申克监狱的每一个人仿佛重获自由。（Glotzer et al，1994）

我相信，瑞德的话是对我们所有人说的。他谈论的是音乐和对生命的热爱，而这段话也可以用来描述心理咨询。我注意到，虽然瑞德不懂歌剧的歌词，但他完全理解这首歌的美，歌声触动了他的灵魂。歌词并不重要，他也不想了解，但瑞德深知她们的歌唱无与伦比，"难以言表的美，美得令人心碎"。虽然瑞德不熟悉歌剧，但他知道美，知道美是如何转瞬即逝又永恒存在的。瑞德知道"鸟儿唱歌不是因为它有一个答案。鸟儿唱歌是因为它有一首歌。而这首歌就是存在"（Craig，2012）。

回到这位年轻的中国女士的梦。我曾有机会与中国各地的许多工作坊参与者分享瑞德的话语之美，并阐释《肖申克的救赎》中的存在主义主题。对电影中存在主义主题的研究，帮助我们深度理解这个启迪心灵的动人故事。然而令我没有想到的是，这个启迪心灵的时刻竟然延续了一年多的时间。2012年5

月，在第二届国际存在主义心理学大会召开前夕，我在上海为工作坊的参与者放映了《肖申克的救赎》。然而，直到2013年6月回到上海参加另一个工作坊时，我才发现这部电影是多么有意义和有影响力。一位年轻的女士等了整整一年才与我分享了以下的梦：

> 我梦见我在纸质迷宫里被一个歹徒追赶。逃跑的过程中，我很幸运地找到了一个大箱子，躲避追杀我的人。而当我爬进箱子里，却惊讶地发现，箱子里不止我一个人，还有一个男人，他竟然想亲吻我！我现在进退两难。箱子为我提供了保护，使我免受歹徒的袭击，但箱子里的男人却想吻我。我该怎么办？
>
> 就在我感到无比困顿的这一刻，《肖申克的救赎》中的歌剧片段浮现在我的脑海中。我听到一个声音允许并推动我听音乐，尽管我不理解歌词。这个声音敦促我允许自己挣脱社会习俗的束缚。我知道这个声音允许并鼓励我追随内心的渴望：如果愿意的话，可以亲吻这个男人。我是自由的。

这是一个解放的时刻，这个时刻横跨了太平洋，从东到西，历时一年。这位女士分享说，在最初参加工作坊的时候，她刚得知她的初恋男友结婚了。这勾起了她对他们分手的痛苦回忆，同时她也感受到，在这个期待女性在30岁前结婚的社会环境中，自己是被孤立和不受欢迎的。然而，这位女士分享说，电影中瑞德的话在她心中产生了共鸣："你不需要理解音乐。重要的是，你可以自由地追随音乐和你内心的渴望。你可以自由地向前走，摆脱过去社会习俗的束缚。"

收到这份跨越时间的意外礼物，我感到很震惊，也感到无比地荣幸。我无法相信，她等了一年就为与我分享这个转变时刻，她一直记着这个时刻，期待着我们下一次见面的时候表达她的感激之情。这些短暂的时刻是永恒的！我只是分享了电影中一些存在主义的主题，这些主题让电影中那些生命的美好和悲剧进一步凸显。我没有想到，我很荣幸地参与了一位在痛苦和失落中觉醒了灵魂的女士的解放。我是多么幸运啊！

三杯咖啡

虽然我不是一个爱喝咖啡的人，但还是和我的朋友、同为存在主义者的郑立仁一起去马来西亚寻找一杯好咖啡，因为他对与咖啡有关的一切都有着深厚的热情。郑立仁无论走到哪里，都会去一些有特色的咖啡店。他告诉我怎样烘焙咖啡豆，怎样泡咖啡，怎样品尝一杯好咖啡。在与他的谈话中，我联想到存在主义者就像咖啡师、品酒师或茶爱好者——都是苦的鉴赏家。立仁绝对有资格成为这种又苦又甜的饮品的鉴赏家，他教育我们苦味的奇妙，教会了我咖啡师的语言。我从来不知道咖啡可以有浓郁的酸味，不试不知道！然而最终，我给立仁的回报是带着一杯麦当劳的多奶多糖咖啡出现在他面前——立仁的好心没得到"好报"！

立仁在之前一次的马来西亚之旅中，发现了吉隆坡一家名为咖啡之家（Coffee Famille）的特色咖啡店，这一次，他答应带我和另一位存在主义者伊万（Evone）一起重访这家店和它的老板玲（Ving）。立仁还承诺，如果玲同意，他会亲自在那里煮一杯咖啡。一个安静的周四晚上，我们到了这家店，受到了玲的特别关照。接着，立仁亲自煮了一杯咖啡，一边煮，一边告诉我们几度的温差会导致不同的味道。他展示了为实现均匀倾倒所需的耐心——这样才能避免一部分咖啡豆在过滤器中过度冲泡。如此的细致！在我面前的，是一位认真对待自己艺术品的鉴赏家。

我们在坐下来享受这杯精心煮好的咖啡时，也邀请玲一起坐下来，分享她咖啡店创业的故事。玲大方地和我们讲述她在十几岁的时候是如何爱上咖啡的。上大学的时候，她曾去一家专业咖啡店学习，并成了一名咖啡师。我想当然地认为，在台湾成为一名咖啡师，意味着她在台湾获得了一个不错的第二学位。但玲一脸困惑地看着我，纠正我说，她是专门去台湾接受咖啡师培训的，读大学只是手段，在那家专业咖啡店当学徒才是目的，她的目标一直是回马来西亚开一家属于自己的咖啡店。她这么年轻，就有如此明确的目标并愿意投入！

然而，实现梦想的过程必定会遇到障碍，玲的哥哥和妈妈都强烈反对她开咖啡店。他们反对的部分原因是她的商业计划。玲想把她在台湾体验过的咖啡店的氛围保留下来，所以尽管商场人流量较大，她还是不想把店开在商场里。"购物中心不利于坐下来享受一杯好咖啡。"一杯好的咖啡需要时间，每杯咖啡都必须单独煮，这个过程仓促不得，也没有什么是可以标准化和公式化的。所有这些都与购物中心多数咖啡店的非个性化的、标准化的高效背道而驰。

此外，玲的哥哥是一名会计，所以他在得知玲没有扩大业务的意愿时大吃一惊。事实上，玲环顾咖啡店说，如果要对咖啡店做改变或搬迁，她会搬到一个面积较小的店，那才会保留她想要的氛围。当然，最奇妙的是尽管哥哥反对她的商业计划，但还是给了她开店所需的启动资金。行动比语言更有说服力，我相信玲的哥哥投资，是因为看到了她不可磨灭的热情。

在为期五天的存在主义心理学导论工作坊活动期间，我拜访了玲的咖啡店。这让我不禁反思，玲对咖啡和商业的态度，与存在主义对督导和咨询的态度是多么相似。玲内心深知，咖啡也有灵魂，有它的本质，这些不能因标准化而被摧毁。每个地区都生产具有该地风味的咖啡豆，世界上有无数的咖啡豆产地，但通常情况下，人们只能在专业咖啡店中品尝到少数地区的咖啡。专业咖啡店的老板对自己菜单上的咖啡非常熟悉，玲就是这样，她与这些咖啡豆建立了很深的联结。许多老板每周会烘烤一次新鲜的豆子，这样豆子就不会变质而失去原本的味道；当然，每杯咖啡的咖啡豆也必须是新鲜研磨的；此外，还有各种冲泡方式以实现不同的口味。这些都不是能标准化或公式化的东西。就像一个好的心理咨询师，一位真正的咖啡师努力让每一种咖啡豆发挥出最好的效果，而每一杯咖啡都是这个过程中的一步。玲全情投入于保持她所煮的和售出的咖啡的灵魂，就像咨询师和来访者必须一起努力保持每个来访者的灵魂和本质，以免他们的声音和个性淹没在众人的喧嚣中。同样，一个好的督导师必须根据每个受督者的需要来调整他的督导。督导没有标准化的方法，每个受督者都有自己的灵魂，有自己独特的优势和劣势。要使督导有效，就需要督导师和受督者相互适应。

最后，玲分享了她在追逐梦想的过程中经历的挣扎和收获的奇迹。一个理想化的商业计划必然受到现实世界的严峻挑战，玲坦承自己曾面临财务困难。她是大股东，还有两个合伙人。此外，玲还雇用了一个名为劳伦斯的全职助手，劳伦斯本身是一个相当不错的面包师。在创业的初期阶段，玲曾几次遇到现金流的问题。任何一个自主创业的人都知道，这样的问题无处不在。玲感慨地和我们分享了那段日子对她来说有多么艰难。她不得不向诋毁她的人承认，她的计划确实有缺陷，这个缺陷带来的限制令她很痛苦，也可能使她的梦想就此终结。玲继续分享说，正是此时，奇迹发生了。就在这个情绪和事业的双重低谷期，玲从最不可能的来源——她的顾客——获得了经济帮助！一位顾客很欣赏玲清晰的目标、顽强的精神和敢于追求梦想的勇气，因此向玲提供了一笔无息贷款，期限为两年，按月还款。除此之外，另一个很崇拜玲的人决定以注资的方式换取一些股份，因为玲正在实现的梦想是这位注资者自己想实现却无法实现的。了解了玲当时的心情，我们能看出，这些自发的信任行为对挣扎中的玲来说是颠覆性的。它们的出现完全出乎意料，体现了接纳和无条件积极关注的力量。沐浴这样的慈悲，真的是超乎寻常的体验。立仁、伊万和我都被她讲述的生存与奋斗的美丽故事深深触动。当然，这个故事是在品尝三杯非常有意义的咖啡的过程中分享的。玲的痛苦与勇气是如此美丽，她的咖啡店真真切切地鼓舞了我们三人。那是我第一次见到玲，幸运的是，那并非最后一次。我还能多次回到马来西亚参加培训，伴随玲持续的成长历程。在我见证了众多"玲"的成长之后，我很庆幸能够将其记录下来。这些珍贵的果实将会遍布本书接下来的章节。如你所见，玲的故事对我来说是一个重要的灵感来源，很荣幸能够把她的故事分享给读者朋友。

终身学徒工

本章最后，我向大家介绍一下我自己作为存在主义心理咨询师的发展故事。我的梦想原本不是成为一名心理学家，小时候的我，一直想成为一名飞行员。所以我做了什么？我在读大学时选择了计算机工程专业。真的很奇怪！我不知道我是谁，也不知道我想成为什么样的人，我决定学习计算机工程，是因为我喜欢计算机，并且我的考试分数不够成为航空工程师。计算机工程专业是我能想到的最接近飞行员的专业，所以我认为这是一个很好的折中办法。最重要的是，我需要安全感，而计算机工程是一个挺保险的专业，可以作为我的家族追求华裔美国人梦想的下一步。我的道路已经确定，我已经安全上路，除了……我是个糟糕的工程师。虽然我在高中时数学成绩很好，但上大学后却做不到了。面对自己的局限，我感到十分痛苦和羞愧，我不得不承认自己在数学和工程学方面不如别人。于是，我很不情愿地转专业到心理学，成为一名心理学家，因为我是一个失败的工程师。心理学家是我的第二选择，还好我知道，在这件事情上我并不孤单。

决定离开安全和熟悉的道路是痛苦的，这让我充满了恐惧。我喜欢学习计算机工程的原因之一在于那是一个"有迹可循的专业"。所有课程都已经安排好了，我要做的就是坚持不懈地努力沿着那条安全的路走。最终，我将到达应许之地。我看不起那些没有"走在路上"的人，他们每学期都要面对选课的困惑和焦虑，我非常同情他们为自己不确定的存在而挣扎。当然，我不敢松懈，我不想去思考令我不确定的存在。然而，随着我作为计算机工程师的失败，我也坠入凡尘，成了我原本怜悯的对象之一——一个不确定的灵魂。我的未来变得无法预料。从存在主义的角度来看，这是我第一次遇到关于自由的重要议题。我应该学习什么？既然我还不够优秀，不能走传统的镀金之路，我如何才能到达应许之地？我对心理学很好奇，但它肯定不是已知的乐土。我很迷茫，非常地困惑，所以我寻求咨询帮助。

我找的第一位"智者"是迈克尔·坦纳（Michael Tanner）博士，计算机工程专业的主任。已经去过应许之地、曾为IBM工作的他，看起来有我需要的东西，一定会给我一些好的建议。迈克尔博士了解到我对心理学的兴趣之后，建议我选择人工智能领域。人工智能涵盖了我对计算机和心理学两者的兴趣，是一个非常明智的理性选择。这个建议很有意义，但我还是感觉少了点什么。所以我去找了第二位"智者"，他是心理学系的学术顾问。面对他，我仍然像一个工程师一样思考，并很有逻辑和系统地提出我的问题。这位"顾问"名副其实地给了我一些建议，他告诉我，如果我要换专业并按时毕业，需要上哪些心理学课程。他做了"学术顾问"的工作，但不幸的是，他未能在感觉上读懂我的需求。他的建议使我离开了心理学，因为他介绍的心理学让人感觉枯燥无味，使我失去了兴趣。

绝望又迷茫的我鼓起勇气，走进拉尔夫·奎因（Ralph Quinn）博士的办公室。这位文艺的博士教授人本主义心理学导论，这也是我大学阶段的第一门心理学课程。遗憾的是，他的课程是我本科和研究生课程中唯一一门正式的人本主义心理学课程。拉尔夫喜欢学生直呼他的名字。那天，他没有给我任何意见或建议，他做的只是关心我，认真倾听我的痛苦和挣扎。我现在能够向你描述他陪伴的智慧，是因为我后来学习了存在-人本主义心理学。而当时，作为一个迷茫的20岁年轻人，我不知道我们谈话期间发生了什么，但感觉很好。我记得我是在一种舒适的茫然中走出了他的办公室，我现在把这种茫然理解为一种意识的转变。在不知不觉中，我体验到了信任和陪伴。他没有给我任何解释，而是让我体验到了被倾听和被信任的感觉。什么问题都没有解决，因为我仍然不知道心理学对我来说是不是正确的选择。我在很长一段时间内都不会知道，但拉尔夫的陪伴帮助我体验到，不知道也是可以的，我没有必要马上就把一切都搞清楚，重要的事情需要时间。他没有直接告诉我，而是向我呈现了这些。他没有告诉我心理学是什么，而是帮助我在当下体验它。因此，尽管我在走出他的办公室时并没有对我人生中最重要的决定之一有一个清晰、理性的认识，但凭着直觉，我的身体、精神和灵魂逐渐意识到，我刚刚经历的体验就是我所追求的。我最终选择了全心全意地追求心理学，把人工智能这个折中方案和计算机信息科学这个最初安全道路的衍生品抛在脑后。

尽管当时我并不知道，但这次谈话确实改变了我的生命。25年过去后，我又一次回到母校，但没能和拉尔夫取得联系。然而我发现我是多么幸运，因为我从参加同一个工作坊的几个同事那里听到了类似的故事。我是拉尔夫的第一批学生，我初次寻求建议，正是在他执教的第一年。他绝对不是一个完美的人，在开始第二次职业生涯时，他是一个负债累累的中年单身父亲。然而，他对我和后来的许多人来说是完美的。我了解到的是，25年来，拉尔夫谦逊地致力于他在当地大学的教学工作，既没有盛名也没有恶名。然而，他的工作在我和无数被他感动的人之中激起涟漪，无形中影响了我们很多人的人生发展的关键阶段。通过陪伴和示范，他指导我们度过了充满不确定的关键时期，帮助我们有信心在人生旅途中找到自我。他的精神在本书的字里行间荡漾，我将在本章末尾用诗句表达他对我生命的影响。

我相信，拉尔夫会是一位认同庄子的求"道"者，因为他也选择了在泥泞中拖着尾巴，在加州大学圣克鲁兹分校心理学系这个小小的滞水里工作。他既不追求名利，也不追求别人的敬仰，他只是一位普通的教授。然而25年后，当我再次回顾拉尔夫对使命的坚持时，我对庄子"烂泥中的乌龟"的寓言有了更深的体会。

> 庄子钓于濮水，楚王使大夫二人往先焉，曰："愿以境内累矣！"庄子持竿不顾，曰："吾闻楚有神龟，死已三千岁矣。王巾笥而藏之庙堂之上。此龟者，宁其死为留骨而贵乎，宁其生而曳尾于涂中乎？"二大夫

曰："宁生而曳尾涂中。"庄子曰："往矣！吾将曳尾于涂中。"

译文：庄子在濮水钓鱼时，楚王派两位大夫去找庄子，说："希望将国事拜托给您。"庄子手里拿着钓竿，头也不回地说："我听说楚国有一只神龟，已经死了三千年了。楚王把它包上巾布装在竹箱中，供奉在庙堂上。你说，这只神龟是愿意死后留下骨壳以显示贵重呢，还是宁愿活着拖着尾巴在烂泥里爬行？"两位大夫说："它更愿意活着拖着尾巴在烂泥里爬行。"庄子说："所以你们走吧，我也愿意拖着尾巴在烂泥里爬行。"

尽管最终，我决定换专业，走一条不那么安全的心理学之路，但未知的旅程还远远没有结束。因为在毕业的时候，我再次面临不确定。我的许多朋友都期待着毕业后进入公司或当公务员，或者是走其他类似的确定的道路，而我面临的选择是是否继续学习心理学。我知道，如果我想从事心理学领域的职业，就必须获得更高的学位，但一想到还要再读四五年的书，我就有些畏惧。我真的想在刚刚完成四年大学学业后再学习四五年吗？而且，研究生一年的学费相当于本科四年的！大多数朋友都认为，我考虑继续学习是自讨苦吃。我又一次陷入了纠结，所以去找拉尔夫商量。

　　这次的情况有所不同，拉尔夫仿佛一位很有思想的师父（大师）。他提出了自己的观点：如果由他来决定，心理学的学习将采用师徒制，徒弟通过与师父共同生活的方式学习这门技艺。拉尔夫教会我尊重我们所在的领域，成为一名优秀的心理咨询师是一个终身的追求，因此，至少应投入四五年来获得一个更高的学位。奇怪的是，鼓励代替了恐吓。我骨子里知道拉尔夫又一次对了。我决定走少有人走的路，抓住机会申请研究生。我告诉自己，要一步一个脚印，在担心学费之前，先看看自己能否被录取。我很感谢自己当时的智慧，因为如果我满心担忧学费这座大山，就永远不会开始这个旅程。正如老子在《道德经》第六十四章中提醒我们的那样：

　　合抱之木，生于毫末；九层之台，起于累土；千里之行，始于足下。

　　4年后，我会和我的研究生导师一起散步。温斯顿·古登（Winston Gooden）博士是一位很受欢迎的教授，他的时间很抢手。所以，邀请他出去散步是我确保和他待在一起的方式。最后一年的学习是为期一年的实习，在实习前的最后一次散步中，温斯顿跟我说，他最近在某个地方读到，学生毕业后还需要10年时间才能成为一名有经验的临床工作者！我听后大为恼火，并与他分享了拉尔夫的建议。我表达了我的恼怒，尽管我很矛盾地知道，一个人的成就和专业成长的时间成正比！我继续追问他，毕业10年后又会有什么说法？温斯顿只是笑着对我说："你的来访者会给你一个简单的感谢。"不可否认，温斯顿说的是实话。

与温斯顿的那次散步已经过去25年了，而我也站在了指导关系的另一边。我发现，我讲授给博士生们的内容、他们为了获得博士学位而花费4年所学的内容，仅仅是临床心理学的入门。在40小时的课程中，能学到多少关于精神动力学、认知行为治疗（CBT）、家庭系统或人本主义心理学的知识？我知道，我的学生和我一样，在理智上理解这一点，然而我也可以想象他们会这样想："我的天呐，我花了那么多钱和时间，却只入了个门儿！"

然而，真理是经过时间检验的。我也很荣幸在重新见到曾经的毕业生时，他们与我分享他们如何更好地理解了我当初表达的东西。他们发现，要学的东西太多而时间太少。现在，像温斯顿和拉尔夫一样，我是那个微笑着点头的人，这让我感到非常满足。有几位导师帮助我成为今天的我，拉尔夫是其中的第一位。这个涟漪扩散般的过程仍在继续，因为现在，我也是其他人的导师了，他们在迈向真实性和职业成长的道路上需要指导和陪伴。这是本书的主要目的之一：感谢我的导师，并将他们的智慧传递给那些我有幸在生命中能够教导和督导的人。这就是点燃蜡烛、传递火种。毕业于拉尔夫和温斯顿的正式指导后，我有幸得到了戴夫·埃尔金斯（Dave Elkins）的指导，他教会了我真实性的重要性，并促使我在我的另一本书《存在主义心理学与道的方式》（*Existential Psychology and the Way of the Tao: Meditations on the Writings of Zhuangzi*）中撰写了关于乌龟在烂泥中拖尾巴的章节。戴夫的内心住着一个诗人，他为他充满智慧的治疗师兼导师写了一首感人的诗，诗的题目为《我的老荣格派分析师》（"My Old Jungian Analyst"）。他写道，当他在黑暗迷宫般的道路上挣扎时，这位73岁的智慧老人如何有耐心地陪他一起迷路。而在这个过程中，他除了得到自己用一生时间建立起来的信仰，其他什么都没有（Elkins，1997）。这种治疗，就像我与拉尔夫的相遇一样，在他的余生中荡漾开来。戴夫的诗提醒我，有许多乌龟在烂泥中拖着尾巴，活出他们真实的存在。

我希望本书的其余部分能够对"道"做一个很好的介绍，并帮助你在实践存在主义心理咨询的过程中活出你的真实存在。我不确定，你会从我的学习之旅的故事中得到什么。你会感到畏惧，还是受到启发，或者两者都有？我与你分享我的旅程，目的是让你知道我也走在路上，我们是旅伴。让我们享受旅程而不只是盯着目的地，因为旅途比到达更有意义。

第二章

人本主义教育：点燃蜡烛，传递火种

作为督导师，我们的角色是什么？是指导者、教师、上师、父母、导师、榜样，还是技术专家？也许以上都是。大家通常认为，督导师的职责是教授临床咨询技能，当然，这是督导师的一个要素。督导经常涉及个案概念化，这是一种高级技能，经常被用来代替微观技能的教学。我喜欢用的比喻是，在介绍"驾驶飞机"的技能之前，我们需要向受督者教授和示范"驾驶"的基本知识。因为通常情况下，如果受督者能够顺利"驾驶"，他们的咨询方向就会自然而然地变得更加清晰。从人本主义的角度来看，这个方向是咨询师和来访者或是督导师和受督者共同商定的。与督导师和受督者的关系类似，在促进来访者探索其内在空间的过程中，心理咨询师的角色是来访者身边的向导，而不是站在高台上的圣人。

然而，按照存在-人本主义疗法的方向，我们必须问：除此之外呢？除了将个案概念化、教授临床咨询技能和培养合格的咨询师，督导师还要做什么？督导师的最终目标是什么？是要唤醒受督者的灵魂，帮助受督者成为一个完整的人，使他们也能帮助他们的来访者走过同样的旅程吗？布琳·布朗（Brene Brown，2010）将勇气定义为真心讲述自己的故事［"勇气"（courage）这个词的拉丁语词根是cor，意思是心］，真心是指有勇气成为不完美的人。我们如何帮助受督者成为既有能力又有真心的咨询师呢？

作为督导师，我们的职责是什么？传统上，通常指督导师帮助受督者发展必要的技术或临床咨询技能来进行心理咨询。然而，技能培训仅仅是个开始。随着咨询师的成熟，受督者（和督导师）必须认识到，没有高级的技能，只有高级的进展，生活需要不断完善，而非直达完美。在这条发展之路上逐渐走远的过程中，有些人甚至会用精通技术来消除未知与神秘。然而必须再次强调，督导的内容远不止技术，生活也远远不是我们能够完全掌握的。如果只关注技能培训，就有可能导致受督者发展不平衡，陷入发展受督者的智力而忽视其心灵的陷阱。这是当今心理学教育机构中，大多数督导师的典型表现。可悲的是，许多人只认识到身体承载了头部或大脑，却忽略了身体本身蕴含的深层智慧。知识和技能是关于智力的，而临床智慧则是智力与心灵或灵魂的结合。

作为对"医疗培训的破坏性力量"的回应，畅销书作家、加州大学旧金山分校综合医学教授雷切尔·纳奥米·雷门（Rachel Naomi Remen）在创办健康与疾病研究所时也同样意识到了"不平衡"。她在研究所开发了一些项目和课程，这些工作使学生能够体验到当初激励他们进入医学界的深层价值观。雷门医生意识到，疗愈的工具涉及在场、倾听和联结之类的"技术"，并努力将这种智慧传递给正在受训的医生，而这些元素并不是她曾经接受医生培训时的一部分。那时，她被教导知识和信息是关键，作为一名医生，最重要的是你知道什么。然而随着在治疗艺术方面的经验和智慧的积累，雷门发现，很多时候她不需要知道。相反，如果能够认真倾听病人，倾听他们本真的自我，倾听他们的灵魂，病人往往会感觉到自己被疗愈，体验到完整感。因此，雷门医生放下了她关于人的理论，放下了诊断和计划。她经常与病人坐在一起，等待着，倾听他们内心隐藏的美。那些美丽的地方往往也是其最完整的地方。用她自己的话说：

作为癌症患者的咨询师，我曾经感到羞愧，因为那时我不能为我所做的事情提供一个更具有认知性的框架，也不能解释我为什么说这些话。但现在，我的感觉变了。曾经我认为，能够用数字表达的东西比只能用语言表达的东西更真实，但现在我不那么认为了。我的经验是，存在是比分析更有力的改变催化剂，并且于存在中，我们可以知晓头脑永远无法理解的事情。

甚至，一些病人会以某种隐秘的方式通过我们来增加生命的力量。许多年前，当我为每个病人的最后一次治疗做准备时，我常常会在脑海中回顾工作中使他们痊愈的里程碑和转折点。我会列出一个清单，记录我起的一些重要作用。我会仔细地看我的笔记，记录下我在某一年3月进行的深思熟虑的干预，或我在那年9月做的有影响力的解释。但当我请这些人谈论治疗经验时，他们谈及的内容不到我清单上的一半，其他都是一些令我惊讶的事情——某些偶然的话语和面部表情。他们对这些话语和表情的解释，唤起了内在一些深刻的、自由的洞察。他们给我举一个又一个的例子，说明他们如何利用这种洞察力去改变自己的生活。我认真地点头，其实对这些内容完全没有印象。

很明显，我常常向病人传递一些并非出自我本意的治愈性信息，这种情况曾经常发生，我已经习惯了。

这可能伤害了一些我的自我价值，但也仅仅是在一开始的时候。（Remen，2001）

欧文·亚隆（Irvin Yalom）和金妮·埃尔金（Ginny Elkin）在《日益亲近——心理咨询师与来访者的心灵对话》（*Every Day Gets a Little Closer: A Twice-Told Therapy*）一书中写到了同样的现象。亚隆很有勇气，也相当有创意，他为正在与写作障碍斗争的金妮设计了一种疗法。他的妙计是请金妮写下她的咨询经历，亚隆也同样写下来。亚隆一直很喜欢写作，这也是他锻炼写作能力的一种方式。两人会在咨询结束后立即写下他们对咨询的反思，然后装进信封里封好，交给亚隆的秘书。秘书保管好这些信封，然后每隔几个月把信交给对方。这个过程对亚隆很有教育意义，因为他惊讶地发现，金妮几乎记不起他的任何精彩诠释、知识和"智慧"——这些来源于他多年的积累。亚隆自然非常看重这些诠释，因为它们是他才华和控制力的体现，是咨询效果的有力证明。然而，这样精彩的诠释，金妮并没有记住多少。亚隆通过这些信学习到，起效的关键和"真正的智慧"是关于心灵的。金妮看重的是亚隆真诚的关心，这一点从亚隆注意到她发型的改变、记住他们谈话的小细节等方面就可以看出。而亚隆完全不记得这些细节和行为！我们到底该如何做咨询呢？亚隆思索着。

这些经验让亚隆想到，他需要重新构建自己早期对疗效因素的定义。并不是说他对来访者的洞见和诠释毫无益处，但他搞错了这些诠释起作用的方式。金妮的改变并不是因为亚隆敏锐的洞察力，真正产生疗愈的是被看到、被听到和被爱的体验——真正的改变因素是关系和心理咨询师对来访者的深切关怀。专业理论和知识的用武之地，在于它能帮助心理咨询师对来访者保持兴趣，来访者看重的正是这种兴趣。这种兴趣以咨询师的理论为背景，但其价值又超越了理性的解释。

因此，为了培养能够治愈心灵的治疗师，如果督导师要教给受督者具身化和全心投入的能力，就必须意识到，督导师的目标不仅是培养某种专业技能，还是唤醒每个受督者内在的、动人的、有力量的、神奇的品质。督导师必须意识到，学生不是等待填满的容器，而是即将被点燃的蜡烛。因为卡尔·荣格说过："人类存在的唯一目的是在这个完全黑暗的存在之中点燃意义之光。"（Spinelli，2005）

督导师必须明白，"真正的教师把自己当作桥梁，邀请学生跨越；他在协助学生跨越之后欣然倒下，并鼓励学生创造自己的桥梁"（Kazantzakis），而"一个伟大的老师从不努力解释她的愿景；她只邀请你站在她身边，亲眼看着"（Inman，

2009）。亚历珊德拉·特伦弗（Alexandra Trenfor，2014）同样写道："最好的老师是告诉你在哪里看，却不告诉你要看什么。"的确，我们可以把马牵到水边，但不能强迫它喝水。同样地，我们可以教授知识，但无法强迫人思考。然而我们可以启发！一个好的督导师不仅仅要指导，还要启发！好的督导过程更多的是关于灵感而非信息的传递。

更进一步说，在处理存在主义主题时，督导师往往提供不了任何解决方案，也教授不了任何干预措施。正如本书第五章中佩特鲁斯的故事说明的那样，作为督导师，有时我们能提供的最好的东西，就是愿意一起迷失，并证明迷失不是失败，而是学习和治疗过程的一部分。这让人想起哈西德教派圣人的智慧：他们与朝圣者一起寻找，而不是向朝圣者提供权威的教导。一位这样的圣人在描述他的领导力时，将朝圣者比作一群在黑暗森林里迷路的流浪者，他们偶然发现了上师，而这位上师已经迷了更久的路。由于不知道上师也很无助，朝圣者请求上师为其指明走出森林的道路。上师回答说："这我做不到。但我可以指出通往丛林深处的路，然后尝试一起找到出路。"（Kopp，2013）这个比喻用来描述我们这些存在主义取向的督导师与受督者常常踏上的督导旅程，是多么贴切啊。理智上，受督者和他们的来访者都知道，迷失并不等同于失败。然而，这一真理必须被亲身体验到，因为能够使受督者了解迷失价值的最好方法，就是与督导师一起经历迷失的过程。这句话说起来容易，做起来却很难。

这种以受督者为中心的原则，在《道德经》中随处可见。《道德经》涉及三个主题：自然法则，与自然法则相和谐的生活方式，以及按照自然法则管理或教育他人的领导力。关于领导力，道的原则和从存在-人本主义角度进行督导的态度，有着很多共鸣。例如：

《道德经》第十七章

太上，不知有之；其次，亲而誉之；其次，畏之；其下，侮之。信不足焉，安有不信。悠兮其贵言，功成事遂，百姓皆谓我自然。

译文：最理想的统治者，人民鲜少知道他；第二等统治者，人民亲近他并称赞他；第三等统治者，人民畏惧他；最次等的，人民鄙视他。统治者做事不够诚信，人民才不相信他。谨慎、好的统治者仿佛是那么悠远，极少发号施令。事情办成功了，老百姓都说"我们本来就是这样的"。

《道德经》第六十五章

古之为道者，非以明民，将以愚之。民之难治，以其智多。故以智治国，国之贼……

译文：古代修道的人，不是要使人民聪明，而是要使人民愚笨。人民之所以难以统治，是因为他们使用太多的智巧心机。所以用心机治理国家，是国家的灾祸……

《道德经》第六十六章

江海所以能为百谷王者，以其善下之，故能为百谷王。是以欲上民，必以言下之；欲先民，必以身后之。是以圣人处上而民不重，处前而民不害。是以天下乐推而不厌。以其不争，故天下莫能与之争。

译文：江海之所以能够成为百川之王，是因为它善于处在低下的位置，所以它才能够成为百川之王。因此，圣人想位于治理人民的位置，必须言辞诚恳谦下；想走在人民前面，必须把自己的利益放在人民的后面。所以，圣人虽然地位居于人民之上，但人民并

未感到压力；虽然位于人民前面，但人民并不感觉受到妨碍。正因此，天下的人才乐意推戴而不是厌弃他。因为他不与人民相争，所以天下没有人能和他相争。

《道德经》第七十八章
天下莫柔弱于水，而攻坚强者莫之能胜，以其无以易之。弱之胜强，柔之胜刚，天下莫不知，莫能行。

译文：天下再没有什么东西比水更柔弱了，但论攻坚，水也是首屈一指，因为水的本质是无法改变的。弱到一定程度就能战胜强大，柔到一定程度就能克刚，天下没有人不知道这个道理，但很少有人能做到。

"你们的少年人要见异象。老年人要做异梦。"（《使徒行传》2:17）。好的督导师既要看到受督者的潜力，又要协助其实现梦想。基于人本主义心理学的精神，好的督导师努力解放或启发受督者，不是让受督者跟随督导师的脚步，而是发挥他们自己的潜能，成为自己想要成为的人。事实上，督导的目标是让受督者回归自我。用尼采的话来说，就是"成为你自己"或"完善自己的生活"（Yalom，1992）。你可能会认为

"成为自己"作为目标是非常简单和愚蠢的：难道我还能成为别人吗，我就是自己呀？然而，这一目标看似简单，却需要用终身去完成。同样，在督导和治疗中，真诚、一致、完整性或成为自己，正是培训的目的。这始于对自己的检视——往往是一个痛苦的解构过程——然后是把自己变成那个有帮助的人，一个专家级的技术人员——这是一个重建自我的过程。许多人误认为成为专家就是最终目标，被公认为专家级的权威人物是多么令人愉快啊。然而，最终的目标不是成为或模仿某个外在的、令人钦佩的权威人物，相反，绕了一圈，最终的目标还是要成为自己。我们要重新找回初心，找回激情，找回最初天真的自我所拥有的单纯的智慧。这需要放空自己，拥有进入未知世界的意愿。整个发展过程中最困难的工作就是回归自我的挑战。而老天会知道，开始时的自我与结束时的自我明显不同。这让人想起流行的禅宗说法：

> 老僧三十年前未参禅时，见山是山，见水是水。及至后来，亲见知识，有个入处。见山不是山，见水不是水。而今得个休歇处，依前见山只是山，见水只是水。

很多人问过，我是什么时候成为一名存在主义心理咨询师的。简单的答案是在研究生毕业后，我开始阅读欧文·亚隆的具有教学性质的小说。然而，在"自性化"（selfing）过程中，我逐渐发现自己一直都是一个存在主义者。记得小的时候，我喜欢在社区的角落里享受孤独。高中时，我更喜欢看星星，和我的朋友们一起"闲待着"，而不是参加聚会。记得在高中时，我的一个朋友与女友分手了，我坐在车里安慰他，由此想来，我在读研学习到这些概念之前，就已经有了"我-你"关系相遇的体验。这就是我，最初的我。此外，在精神或超个人方面，我认为我在出生前就注定要成为一名存在主义心理学家，存在主义心理学是我的天职和使命。但这个天职需要系统的训练，由此，我开始了"见山不是山，见水不是水"的过程。我学会了积极倾听和共情的技术性技巧，我试图成为一个技术专家，而这几乎以我的灵魂为代价。人变成了案例，现象变成了症状。幸运的是，后来我回过神来，努力活出自己，而不是为了头衔。尽管目的地是一样的，但绕了一圈回归的自我，已与开始时的自我有很大的不同。我仍然坐在另一个人身边，与之在一起，但这种陪伴的质量是不同的。而且我仍然在"自性化"，因为"自性化"是一个动词而不是一个名词，这是一个永无止境的建构与解构、填满与清空的过程。这个循环就像一个轮子，不停地转动，使我更接近一个永远无法实现的、理想的自我。技能培养的中间阶段很重要，但决不能误认为那是最终目标。如果督导和高级学位仅仅是解构和重建，同时掌握技能，而没有绕一圈回到受督者本真的自我，这是很可悲的。因为存在的本质远远胜过做事的忙碌。因此，如果受督者要成为一个有用的疗愈者，督导师就必须发展他的自我、他的灵魂、他的存在。

在督导过程中，督导师就像助产士。亚隆（2002）认为，咨询师是来访者未出生的自己的助产士。同样，一个好的督导师必须帮助受督者听到他们自己的声音，实现其内在潜能。对于新手咨询师来说，督导师必须明白自己的责任，因为他们手中握着年轻受督者脆弱的自我。就像一个年轻的婴儿。这种自我是脆弱的，需要很多鼓励。我对许多新手咨询师的复原力非常钦佩，我曾多次见证过这种复原力，很多受督者向我讲述他们不得不忍受缺乏经验或意识的前任督导师的经历。我的亲身经历也是如此。在实习阶段，似乎有太多的新手督导师在指导新手咨询师，这往往会导致受督者留下伤痕。督导师必须认识到自己作为助产士的角色，并为新手咨询师的诞生提供足够的鼓励和滋养。

亚隆并不是唯一使用"助产士"这一隐喻的人。苏格拉底在教导年轻人时，也使用这一隐喻形容自己在做的事情。苏格拉底透露，他父亲是一位名叫费纳瑞特（Phaenarete）的"勇敢而魁梧"的助产士，他本人也是一位助产士。苏格拉底指出，分娩女神阿尔忒弥斯（Artemis）自己本身并不是母亲，这使她同情那些不能生育的妇女，但她不会允许她们成为助产士，因为"没有体验，人性就无法了解艺术的奥秘"。因此，阿尔忒弥斯做出了明智的妥协，将助产士的工作分配给那些经历过生育的妇女。同样的比喻也适用于苏格拉底：他太老了，无法创造和产生自己的想法，相反，他是别人思想的助产士——照顾的是男人而不是女人，是他们的灵魂在分娩而非身体。有些找到他的年轻人思想贫瘠，因此苏格拉底必须引导他们进入能够激发创造力的关系。他必须成为一个狡猾的媒人，知道结合后会产生丰硕的成果。

如果一个年轻人在接受苏格拉底的教导时已经"怀有"一个想法，或者通过老师的牵线搭桥而怀有了一个想法，那么助产士苏格拉底就知道如何帮助分娩，如何"唤起阵痛并抚慰它们"。助产士帮助分娩，但必须记住，孩子不是助产士的。因此，那些与苏格拉底交谈的人从与他在一起中获益，但苏格拉底仍然坚持认为，他们从未真正从自己这里学到什么，他只是帮助他们发现已经生长于内心的思想。当然，他确实保留了检查胎儿的权利，观察是否有畸形的迹象。然后，如果他认为恰当，作为助产士，他"可以把胚胎扼杀在子宫里"。他要求这些年轻人不要因为对他们观念的这种判断而与他争吵，然而他也提到："当我剥夺了他们可爱的愚蠢时，有些人准备咬我。"（Kopp，1972）

留意畸形的迹象，把胚胎扼杀在子宫里，这是多么可怕的画面，却恰如其分地描述了勇敢的督导师在决定让受督者失望时，偶尔做出的痛苦和折磨人的决定。是的，"咬痕"是助产士或督导师伤口的一部分！

督导师必须将"胚胎"扼杀在"子宫"内的情况是罕见的。大多数时候，督导师创造了一个督导空间，这个空间就像是古希腊语中的"坷拉"（khora）——柏拉图用这个词来表示容器。柏拉图将坷拉描述为既非存在也非不存在，而是介于两者之间。它接受一切，给予空间，并具有母性之意（象征子宫）。在这个以坷拉为特征的空间里，督导师会把问题本身而不是寻找答案放在首位。督导是相对的和灵活的，未知和不确定性被视为稀松平常而不是缺点。督导师通过臣服于过程、放开控制来示范这一切。督导师和受督者将共同探讨受督者内心的挣扎，而不是改正受督者的缺点，他们允许探索的过程展开，寻求理解，而不是去纠正问题。坷拉将为错误、不完美、焦虑、痛苦和转变提供空间。最重要的是，这种基于坷拉的督导和咨询形式，必须由受督者亲身体验。正如它具有活生生的意义一样，督导必须是活现的，督导师教授的概念必须要活出来，仅仅是给出指导是不够的。

最后，在菲尔·杰克逊（Phil Jackson）的《11枚戒指》（*Eleven Rings: The Soul of Success*）一书中，有一个关于"道"的领导力的故事，很好地阐释了如何将道家原则应用于督导。这个故事说明了领导者或督导师就像牧羊人的原理：他跟在羊群后面，让最灵活的羊走在前面，其他的羊跟随其后，羊群却没有意识到，自己一直在被后面的人指挥。刘邦是一位杰出的领导者，他在公元前3世纪将中国整合统一。他举办宴会庆祝胜利并邀请了许多贵宾，曹参位列其中，他在统一大业中为刘邦提供了许多建议。曹参的弟子陪同他参加了宴会，但对主桌的座位安排感到疑惑不解。弟子认出了很多杰出的人物，包括军事指挥官和外交官，但对刘邦的皇帝地位感到困惑。因为刘邦既没有贵族血统，也看不出有什么过人之处。了解了弟子的困惑，曹参让弟子思考，是什么决定了车轮的承重。一个弟子回答说是辐条的坚固程度。但曹参提醒道，纵使两个由相同轮辐制成的车轮，在承重能力上也会有差异。他接着说：

要透过现象看本质。别忘了，组成车轮的不只是辐条，还有辐条的间距。坚固的辐条如果组装不当，车轮也不会结实。潜能能否充分发挥，取决于它们之间是否和谐。车轮制造的精髓在于工匠构思和平衡轮辐的布局能力。现在想想，谁是这里的工匠呢？

曹参接着让他们想想阳光。他说：

太阳释放自己的光亮养育了树木和花草。但这些花草树木最终会向何处生长，这时就需要刘邦这样技艺高超的工匠了。将每个人安排到最能发挥各自潜能的位置上后，他通过奖赏每个人不同的贡献来确保他们之间的和谐。最后，就像花草树木都会朝向太阳的方向生长一样，每个人也都会效忠刘邦。（Jackson et al，2013）

平行过程和具身化

督导师要如何成为受督者自性化过程中的助产士？这和督导师向受督者教授或示范，他们该怎样培养来访者新生自我的过程是一样的。督导师的任务与其说是教导，不如说是引导。教导是工作的一部分，但如果引导他们，而不是简单地告诉他们该怎么做，受督者会成长得更快、更成功。就像同来访者工作时一样，督导师要更多地倾听而不是指导，因为太多的教导将限制和阻碍受督者的成长。如同面对来访者时，在受督者还没有准备好接受教导时，我们要放下教导的机会，而为其提供空间和时间来讲述他们自己的重要性，这样，他们的专业自我才可能形成。重要的是，我们要允许受督者去讲，而不是听我们讲。要培养的是受督者的自我，而不是我们的自我。卡里·纪伯伦写下《先知》（"The Prophet"）这首诗时，也有同样的理解：

没有人能够启迪你，除了在知识的晨光中，那早已半醒的自己。

行走于圣殿阴影下，被追随者簇拥的师长，传授的不是他的智慧，而是他的信念与爱。

倘若他的确睿智，就不会令你进入他的智慧殿堂，而是引导你走向自己的心灵之窗。

天文学家也许会向你讲述他对太空的理解，却无法给予你他对太空的感觉。

音乐家也许会唱给你天籁之音,却无法赋予你捕捉韵律的耳朵,也不能让你复制他的嗓音。

数学家能说出度量衡的范围,却无法将你引向那里。

因为一个人的洞见就像翅膀一样,无法借给另外的人。

犹如上帝对每个人的理解都不同,你也必须独自去理解上帝和世界。(Gibran,2015)

除了倾听,知识的传递还必须以具身化的方式呈现心理咨询艺术中基本的、无形的元素,而不是直接指导。督导师如何"教授"受督者真诚和共情呢?从理论上讲,这些概念可以通过说教来传达,但效果十分有限。当遇到老子所说的"道可道,非常道;名可名,非常名"的情况时,我们能做的只有去体验了。重要的是,督导师只需具身化地呈现"道",并相信每个受督者都会收获自己需要的东西。我们无法把自己的经验强加于受督者。事实上,越是努力地想把共情或真诚传给别人,这份努力就越可能失败。就像我的国标舞老师建议的那样:将能量和关注收回自己身上,并对自己身体重心的移动负责,用这样的方式来引导舞伴,你的舞伴将获得必要的能量、力量和方向,并能够随心地运动。越是试图用你的力量引导舞伴,舞伴就越不舒服。这一真理需要用亲身实践去检验。体验是必须的，所以舞蹈老师要我尝试女伴的角色，让我在身体感受层面去体验两种不同的引导方式，这大大加深了我的理解。同样，在爬山时发生的一件事情让我瞬间就体会到了这一点。一个朋友伸出手准备帮助我爬上一个陡坡，她是出于好意很努力地想帮助我，然而在她伸出手来拉我的时候，我体验到的却是恐惧。我本来就有些失去平衡，她强大的拉力几乎使我摔倒，而我需要的是她稳稳地待在那里，保持静止，将能量集中在自己身上，这样，我就能在准备好的时候借力把自己拉上去。这个道理很简单，但当我们满心想着帮助别人时，实践起来却很困难。

关于锚定、静止和特定技艺的传递，庄子写了下面的寓言。矛盾的是，如果督导师锚定于本真的存在，也许能引发受督者最好的转变。

> 仲尼适楚，出于林中，见痀偻者承蜩，犹掇之也。
> 仲尼曰："子巧乎！有道邪？"曰："我有道也。五六月累丸二而不坠，则失者锱铢；累三而不坠，则失者十一；累五而不坠，犹掇之也。吾处身也，若厥株拘；吾执臂也，若槁木之枝。虽天地之大，万物之多，而唯蜩翼之知。吾不反不侧，不以万物易蜩之翼，何为而不

得！"孔子顾谓弟子曰："用志不分，乃凝于神，其痀偻丈人之谓乎！"

译文：孔子在楚国游历时，经过一片树林，看见一个驼背的老人正在用竿子粘蝉，如同用手拾取那样轻而易举。孔子说："先生真是灵巧啊！你有什么特别的方法吗？"驼背老人说："我有特别的练习方法。在竹竿头上叠放两个丸子，练习五六个月后不会掉下来，这样在粘蝉时失误就很少了；叠放三个丸子而不掉下来，那么在粘蝉时失误的概率就只有十分之一了；而叠放五个丸子也掉不下来，那么粘蝉就如随手拾取那样简单了。当我粘蝉时，立定身子，如同树墩一般静止不动；我举竿的手臂，便如枯木的树枝；尽管天大地大，万物繁多，而我一心只关注蝉的翅膀。我的身体静止不动，不会因纷繁的万物而影响专注于蝉翼的心志，为什么抓不到蝉呢！"孔子转身对弟子们说："行使意志时不被外物打扰，精神凝聚专一，这就是驼背老者的智慧！"

那么，如何在跳舞时做一个好的领舞者？如何在别人需要时提供帮助？如何教导真诚和共情？原则是一样的。我们要成为一个锚，将能量和关注点放在自己身上。用我们自己来呈现真诚和共情，并相信这个过程，相信受督者会以自己的方式，按照自己的节奏获取他们需要的东西。一位朋友曾经告诉我："一旦你读懂了自己，也就看清了世界。"作为督导师，如果我们清楚自己是谁，那么受督者就可以通过我们对本真的呈现来了解如何成为自己。

《道德经》第三十三章

知人者智，自知者明；胜人者有力，自胜者强；知足者富，强行者有志；不失其所者久，死而不亡者寿。

译文：能够看懂别人是一种聪慧，能够了解自己才是真正的高明。战胜别人是有力量的代表，战胜自己才算是真正的强者。知足的人才算富有，坚持不懈的人意志坚强。不失本真的人可以长久，身虽死精神仍存的才算真正的长寿。

咨询和督导的过程是循序渐进的。每一次咨询都只是整体很小的一部分，量变的积累达到质变。19世纪的社会改革家雅各布·里斯（Jacob Riis）分享道：

> 当事情看起来毫无进展的时候，我就会去看一个石匠敲石头。他一连敲了100次，石头仍旧纹丝未动。然而敲到第101次的时候，石头裂为两半。可我知道，让石头裂开的不是那最后一击，而是前面100次敲击的累积。

同样的原则也适用于拳击比赛，每个人都在寻找击倒对手的机会。拳击手知道KO（击倒）之所以有效，是由于在比赛过程中已经有了无数次的刺拳。刺拳并不惊艳，但对于精于拳击的人来说却很美。同样，正如罗洛·梅（1969）引用艾略特（Elliot）的书中写的：

> 在概念与创造之间
> 在情感与回应之间
> 是长长的
> 生命的投影

然而，当我们用具身化的方式展现后，就会神奇地发现，整体会大于其各部分的总和。雷门（2001）医生用另一个令人难忘的故事总结了这一道理，这个故事关于祖父送给她的礼物——一只透明塑料杯，里面放着一粒种子。当她问这是什么种子时，祖父只是说："每天给它浇水，并保证充足的光照，慢慢你就会知道了。"雷门按照祖父的要求做了，然后看到种子长出了一个小芽。她给祖父打电话，再次询问这是什么，得到的是同样的答案。每次打电话，她都问这个问题，得到的也都是一样的回答。受督者很像那颗种子，督导师会有一个想法，但不能确定这些受督者会如何发展，当然也不可能把他们变成自己想要的咨询师（谢天谢地），但我们还是可以给予培养和关怀。

> 玫瑰如何敞开心扉
> 向世界绽放她全部的美？
> 因为它感受到了光对它存在的鼓励。
> 不然，我们都停留在惊恐里。（Hafiz，2010）

见证

此外，督导师见证受督者的成长，正如他们见证来访者的成长。我们就像受督者的历史学家，怀有对他们的希望和期待，坚守着属于他们、却连他们自己都想象不到的愿景，正如他们为来访者做的一样。我们记录他们的成长，如同他们记录来访者的成长。我们铭记他们讲述过的故事和案例的细节。我们深知那些来访者的故事中有一部分是受督者自己的故事，正如他们的故事中有一部分是我们的故事。受督者会被我们的铭记所感动。来访者和受督者存在于我们的记忆碎片里。他们被看到，他们被在意，他们存在着。谈到疗程的结束时，我们会邀请受督者回顾和巩固来访者的成长，请记住，这个过程中，他们也在回顾和巩固自己的成长——咨询师的专业自我是与来访者的自我一起成长的。事实上，这是我在督导师、导师和领导者的角色中最享受的一点。

见证学生的成长和发展，使我无比满足。我是一个自豪的"家长"。毕业后，回顾过去时，我会与我以前的受督者、现在的同事一起回忆他们一路走来成长为如今的专业人士的过程。我是他们的历史学家。尽管关系发生了改变，我眼中的他们仍在继续成长，我的欣赏和见证仍旧很重要。我们会忆起他们写过的文章和入学访谈，会重温他们在临床培训时的闪光点和曾经面临的挑战。我的受督者常常提起一些我已经忘记的自己说过的话。种子在不经意间种下，并在督导过程的培养和指导中生根发芽，茁壮成长。他们邀请我喝咖啡，与我分享新事业的挑战。他们用我辛勤劳动的涟漪来回报我，因为现在他们已经成为自己的督导师。生命的循环仍在继续。庄子写道："指穷于为薪，火传也，不知其尽也。"（柴薪总有烧完的一天，但火种却可以继续传递，生生不息。）督导早已结束，但这种关系仍在继续。我继续见证他们在生活中的发展，这一点仍然很重要。我想，写这一章是我对自己作为督导师成长的见证。这团火、这火炬继续燃烧，这就是我们所做之事的美。

起身，让我们拥抱吧！

下面这个故事可以说明纯粹见证的力量。我很荣幸地见证和记录了美国一些律师和他们的助手对邪恶与冷漠的英勇反抗，这是法国存在主义哲学家加缪所倡导的英勇甚至骄傲的反抗。加缪认为，只有当人类在荒谬的境遇下仍能有尊严地活着，才算达到理想的境界。人类的渴望（有些人会理解为愚蠢）和世界的冷漠之间的张力，就是加缪所说的"荒谬"的境遇。然而，世界的残酷和冷漠可以通过反抗来颠覆，这是面对自身严苛境遇所进行的骄傲的反抗。

邪恶的存在，是我们存在主义心理学家严肃看待的事情之一。在这个世界上，有各种原因导致的邪恶和痛苦，每每想到此处，我就深感心痛。这种心痛强烈到我在大部分时候选择不去想它。当我花时间反思时，我对少数人给众人造成的严重创伤和痛苦感到困惑、气愤和恼怒，那么多英雄般的人物，却只能帮助很小的一部分受害者。正义何在？遭受这些痛苦的意义何在？难道没有任何意义吗？对我来说几乎没有意义。对自由意志或上帝意志的哲学和神学，只能带给我十分有限的宽慰。对我来说更有意义的，是维克多·弗兰克尔的话，他在《活出生命的意义》(*Man's Search for Meaning*)一书中教导我们：

> 由于生命中每种情况都代表着对人类的挑战，都会向我们提出有待解决的问题，所以生命的意义这个问题实际上被颠倒了。归根结底，人类不该问自己生命的意义是什么，而必须意识到我们是被生命追问的那个人。我们对生活的期望并不重要，重要的是生活对我们有什么期望。简而言之，生命对每个人都提出了问题，我们必须用自己对生命的体验来回答生命的提问；我们只能用承担责任来回应生命。（Frankl, 1985）

每当我思考痛苦发生得为何如此普遍时，就会有一种强烈的无助感，这种感觉促使我否认和逃避。我讨厌这种无助的感觉。那些律师也经常面临这种无助感。虽然他们每天都要面对自己的无助，但仍然坚持不懈。他们不断地受理难民申请庇护的案件，尽管一开始就知道这些案件成功的希望很渺茫——这是一项西西弗斯式的任务，而且无法带来经济收益。哪怕知道会失败，他们仍然在这些案件上投入了大量时间。为什么要这样做？那为什么不这样做呢？因为这些富有同理心和慈悲心的律师知道，他们做的事情是有意义的，仅此而已。他们知道这件事的意义和申请能否成功并没有直接关系，但他们必须尝试。这是一种面对荒谬的反叛！如果只是为了成功，他们早就绝望地放弃了。即使申请成功，征程才刚刚开始。用一位律师的话说："你无法控制结果，但你可以给你的客户美好的一天。"

除了保护难民的合法权益和提供高质量的法律咨询，律所的相关工作人员还帮助维护客户的尊严。他们通过见证客户的痛苦并赋予其意义来做到这一点。他们撰写的谈话记录意义重大，远不止记录下所发生的创伤性事件那么简单。可以想象工作人员（律师、助理和翻译）因反复听到一系列折磨和虐待的细节所承受的替代性创伤。这些记录之所以重要，是因为它们记下了人们所遭受的苦难，如果没有这些记录，那些苦难将不会被听到，不会被记下，不会被看见，也就不会存在了。他们与无意义的痛苦斗争，尽管这些申请最终可能不会成功，但客户仍然感恩。值得感恩的是，尽管邪恶带来的伤害降临在他们身上，但这个世界上还有人在意他们，愿意倾听和见证他们所受的苦。这些律师创造的不仅仅是记录，还有价值。这些文件是法律体系的一部分。在现实层面，申请的结果可能是失败；然而在心理层面上，这些见证难民痛苦的文件，创造了价值和意义，并在那片荒凉破碎的土地上成为人与人之间联结的纽带。这让我想起了庄子"无用之树"的故事，我在《存在主义心理学与道的方式》一书的第一章中详细讨论了这个故事。

惠子谓庄子曰："吾有大树，人谓之樗，其大本拥肿而不中绳墨，其小枝卷曲而不中规矩，立之涂，匠者不顾。今子之言，大而无用，众所同去也。"庄子曰："子独不见狸狌乎？卑身而伏，以候敖者；东西跳梁，不辟高下，中于机辟，死于罔罟。今夫斄牛，其大若垂天之云。此能为大矣，而不能执鼠。今子有大树，患其无用，何不树之于无何有之乡，广莫之野，彷徨乎无为其侧，逍遥乎寝卧其下；不夭斤斧，物无害者，无所可用，安所困苦哉！"

译文：惠子对庄子说："我有棵大树，人们都叫它臭椿。它的树干粗大却疙里疙瘩，不符合绳墨取直的要求；它的树枝弯弯扭扭，也不适应圆规和角尺取材的需要，虽然它就生长在路旁，木匠却懒得看它一眼。就像你如今所说的话，夸大而无用，大家都不愿意再听了。"庄子说："你难道没有见过野猫和黄鼠狼吗？它们低着身子匍匐于地，等待那些出洞觅食或游乐的小动物；东跑西颠，上蹿下跳，忽高忽低，往往会落入猎人设下的机关，死于猎网之中。再有那牦牛，庞大的身体就像天边的云。它该算是大的了，却捉不住老鼠。如今你有这么大一棵树，却担忧它没有什么用处。为什么不把它栽种在荒芜之地、无边无际的旷野里，然后悠然地徘徊于树旁，怡然自得地躺卧在树下。反正大树不会遭到刀斧的砍伐，也没有什么东西会伤害它，纵然没有什么用处，又有什么可发愁的呢？"（Yang，2017）

庄子用了臭椿树的比喻，用其畸形和歪歪扭扭的形态来说明存在价值的基本观点。畸形和扭曲是存在的一部分，而正是这些难看的特征成为这棵树长寿的秘密。最后一点也很重要，"无用的"臭椿树的美丽和效用在于它能在荒芜中生存，并为有需要的人提供庇护。

卡尔·罗杰斯（1980）告诉我们，共情可以消除疏离感。罗杰斯是从卡尔·荣格那里学到的，据传荣格说过："当精神分裂症患者感到被理解时，他们就不再是精神分裂症患者。"通过工作人员的耐心倾听，译员的诚实翻译，以及律师对创伤故事的筛选，最终形成的谈话记录如同一本生命之书。一旦得到法律系统的认可，这些人将获得新生的机会。无论庇护申请的结果如何，这些文字都会帮助那些被邪恶蹂躏的人们重新创造有意义的存在。令人惊讶的是，这些高素质的律师以微薄的工资致力于这项伟大的工作。我怎能不亲自见证并记录他们英勇的反抗呢？

尽管工资低得可怜，但也有一些附带的收获。苦难中也有美丽。一部分工作人员最近与我分享了收获之一，他们动情地回忆起，为数不多的成功申请者中有一位欢欣鼓舞得令人难忘。这位申请人跑进办公室，喊道："现在起身，让我们拥抱吧！"想象一下，这句话是用浓重的非洲口音说的。经过多年的奋斗，除了"起身，让我们拥抱吧！"还有什么更好的表达吗？

第三章

布鲁斯的故事：通过一首歌的相遇

在过去的12年里，我一直致力于从存在-人本主义的角度培训和发展心理治疗师。为此，我坚持把心理治疗师的人格发展放在优先于临床技能教学的位置。因为如果你相信生命影响生命的心理治疗原则，治疗中最重要的"工具"是治疗师本人，那么一个人的自我发展自然是至关重要的。我的一位督导师时常提醒我，涉及资质时，最重要的不是头衔或证书，而是头衔之下的这个人。这与卡尔·罗杰斯最重要的观点之一在原则上是相似的。治疗中最重要的不是我们做什么，而是怎么做。所以，当涉及心理治疗时，最重要的不是治疗师的知识、受训背景或技术，而是我们的存在本身，这是存在-人本主义心理治疗的根本基础。

"治疗中最重要的不是我们做什么，而是怎么做"这一概念，在以下两个故事中得到了很好的说明。首先是一个有名的中国典故：

扁鹊三兄弟都是医生。有人问最小的扁鹊，三人中谁是最好的医生？他回答说，他的大哥是最好的，其次是二哥，最差的是他自己。问话的人对此很不理解，请他解释。扁鹊向询问者解释说，长兄擅长预防，解决问题的根源，他以一种微妙的方式在人们还没有生病的时候就开始工作，所以人们很难看到效果，也无法识别他的医术。因此，大哥没有名气。二哥算是小有名气，因为他能够在病人的病症刚冒出头的时候工作，那个时候病人的症状比较轻微，不明显，所以村里人认为二哥最适合治"小"病。而我通常治疗重症患者，家属通常会在病人处于极度痛苦的情况下找我。人们看到我采用明显的、有形的干预措施，如检查经络、开药、切除病灶、做手术等，效果通常立竿见影，这就是我成名的原因。

另一个是奥修讲的"圣影"的故事（Rajneesh，1981）。

曾经有一位圣人，他的善良使得天使们都从天堂赶来，想看看一个人如何能如此虔诚。如同星星闪耀光芒，又似花朵散发芬芳，这位圣人并非有意为之，却在生活中四处散播美德。他的日常可以用两个词来概括——奉献、宽容，但他却从未将这两个词挂在嘴边。它们只体现于他随时的微笑，他的善良、包容和慈悲里。

　　天使对上帝说："主啊，请您将神迹赐予他。"

　　上帝回应道："问问他的心愿是什么。"

　　天使询问圣人："你想通过你手的触碰来治愈病人吗？"

　　"不，"圣人回答，"那是上帝要做的事。"

　　"你想让有罪的灵魂皈依，让迷失的心找到方向吗？"

　　"不，那是天使的使命。这不是由我来改变的。"

　　"你想成为耐心的典范，以你美德的光环吸引大众，从而荣耀上帝吗？"

　　"不，"圣徒回答，"如果人们被我吸引，他们会与上帝变得疏远。"

　　"那你的愿望是什么呢？"天使问道。

　　"我还能希望什么呢？"圣人微笑着问，"上帝愿意赐予我恩典；有了它，我不已经拥有了一切吗？"

> 天使们说:"你必须得到一个神迹,要么自己祈求,要么被强加。"
>
> "那好吧。"圣人说,"那我希望在不知不觉中造福于人。"
>
> 天使们感到很困惑。他们商量后决定了以下计划:每当圣人的影子落在他身后或两侧,即在他看不见的地方,它就有治愈疾病、缓解疼痛、抚慰悲伤的力量。

放手

在我从事的督导工作中,首要任务之一、也是我始终在努力做到的,就是教会受督者放手。这是很难做到的,并且是反直觉的,不仅仅是对初学者,对我自己来说亦是如此。放手是漫长又痛苦的一课,每个人都遇到过。放手是关于无常和瞬息万变的生存法则,这是佛教的基本信条。每当我在中国和东南亚部分地区的经济体中,遇到因为发展而导致的无处不在、无法避免的变化时,我都会对自己说这句话。中国的许多沿海大城市是由进城务工的农民建立起来的,而发展带来的迁徙导致了变化。生活在中国,我不得不面对这种迁徙带来的变化。在上一次去深圳的旅行中，我满心期待地规划着像往常一样去理发，然后在我熟悉的面馆吃午饭。我特意坐地铁去了这两家店，却发现它们分别被一家彩票店和一家连锁快餐店取代。世事无常，世事无常，我反复对自己说。这句咒语有助于缓解我的沮丧，直到我意识到我也是这种迁徙的一部分，我自己不也已经从香港和深圳搬走了吗？那么，我还有什么权利期待理发店和面馆为我留在原地？可是在内心深处，我仍旧希望它们一直在原地等我。理智上我理解世事无常，但情感上我想要熟悉感和确定感。然而我找到的却是彩票店和快餐店。

在之后前往马来西亚的旅途中，这种无常的感觉一直伴随着我。我从马来西亚的好朋友兼存在主义同行伊万那里得知，我在第一章中介绍的那家深得我心的咖啡店"咖啡之家"也即将关闭。我向伊万控诉道："不是吧？又要关门！这次旅行我经历的无常够多了！"说好的幸福呢？我需要的熟悉感和确定感呢？我问伊万发生了什么，要知道，她是在咖啡之家完成的硕士论文。她鼓励我去拜访玲，以解心中疑惑，所以我就去了。

我没有想太多，只是准备好迎接失望和沉重的现实。毕竟，在众多竞争者中脱颖而出、生存下来，是不容易的。梦想终究会有尽头，不是吗？然而最终，我从玲那里得到更多的是灵感。并且值得庆幸的是，这是那个故事的延续而非结局。玲非常热情地问候了我和伊万，并毫不迟疑地为我们提供了两杯专业的咖啡。伊万喝的是她惯常喝的"甜蜜梦境"；我这边，玲则建议我试试"家常拿铁"。在我们坐下来喝咖啡的时候，玲透露说，她之所以要关闭咖啡馆，是因为想成为一名更精进的咖啡师！咦？我原本以为咖啡女主角的故事已经大结局了呢。她说，为了成为更好的咖啡师，她要学习成为一名烘焙师，并亲自采购咖啡豆。玲告诉我们，她已经不满足于从别人那里采购豆子，然后为自己烘焙少量咖啡豆。为了成为一名优秀的烘焙师，她要去种植园，与农民进行交流，并了解咖啡豆的来源。她无法想象自己在经营咖啡馆的同时还需兼顾亲自采购豆子，于是，玲想全身心地投入到烘焙工作中。她明白，为了达成这一点，她需要放下咖啡馆的工作，专注于烘焙。她明确的目标和对此所做的投入不仅没有改变，反而加深了，这是她在旅途中进一步成长的证据。

我考验了玲的决心。我问她为什么要卖掉咖啡馆，毕竟，她为建立客户群所付出的努力呢？这些客户与她一起成长，他们收获的不仅仅是一杯好的咖啡，还有在冲泡过程中培养起来的内心专注。玲鼓励一些客户购买自己的设备，在家里亲手烘焙咖啡。玲分享说，这确实是她最大的损失，因为有几个和她十分亲近的顾客与她一同成长，学习了很多相关知识，并发展出敏锐的味觉，能品尝和见证玲作为咖啡师的细微成长。玲分享了她是如何体验到自己在过去七年中的细微进步的。矛盾的是，这些体验也告诉她，她还有更大的发展空间。"我曾经认为我很了解咖啡，现在却知道我需要多大的成长。"而为了实现这样的成长，她放弃咖啡馆和老顾客的梦想，以便继续这样的旅程。

玲对成为更好的咖啡师的投入和追求令人钦佩，也为所有想成为更好的治疗师的人提供了借鉴。我想到了卡尔·罗杰斯1961年写的《个人形成论》（*On Being a Person*，直译"成为一个人"），因为在成为更好的治疗师的过程中，人们很快意识到，自己需要成为一个更好的人。归根结底，这是一个终身的旅程。要与咖啡豆深度联结，仅仅自己烘焙豆子是不够的；为了与我们的存在本身有深度联结，需要回到源头。最初，我们都是带着对理论的基本理解去学习技术的。然而，技术的功效在于一个人如何理解和具身化地体验技术背后的基本要素。如果我们更进一步就会意识到，这不是技术的问题，因为有无数的方法和技巧可以体现疗效的基本要素。最终，技巧会消失——或者像求道者所说的内化，以至于人们再也无法区分"小提琴"和"小提琴手"或者"剑"和"剑客"。他们已经成为一个整体，既有又无。功夫大师不再关注武器装备，因为它们只是工具而已。在武术中，全力出击需要坚实的基础，涉及我们的脚、膝盖、臀部、肩膀，而不仅仅是手臂和拳头。存在主义心理学不是一种心理学取向，而是一种生活方式，这也是玲在致力于成为一名咖啡师的过程中体现的东西。

继续谈回马来西亚之旅。玲提醒我，放手不等于放弃，它是成长中不可避免的一部分。她再次让我想起著名的关于"木筏"的佛教寓言——我们必须放下过往的辛勤投入，才能向未来的可能性前进。

一个人沿着一条小路行进，来到一片广阔的水域。站在岸边时，他意识到周围遍布危险和不适。而另一处水岸看起来却很安全，令人神往。

他试图寻找船只或桥梁抵达那一处，但没有找到。于是他花了很大力气收集草和树枝，把它们绑在一起，做成了一个简易木筏。他依靠木筏使自己浮于水面，手脚做桨努力划动，最终到达了安全的彼岸。他可以在陆地上继续他的旅程了。

现在面临的问题是：他将如何处理这个临时木筏？是拖着走还是把它留下？佛陀说，请把它留下。

然后佛陀解释说："佛法就像一个木筏。它是用来渡

过难关的，而不是用来抓着不放的。"（O'Brien，2016）

最后，我要讲一个由谢尔顿·科普（2013）撰写的，关于有舍才有得的故事。自由和灵感往往是存在却难以达到的，只因我们过于执着地抓住它不放。想象有一个人被困在牢房里，他踮起脚尖，伸出双臂，紧紧抓住牢房内小窗的栏杆，无比渴望窗外的阳光。他死死地抓着栏杆，使劲爬向窗户，拼命靠近透过栏杆照进的那几缕微弱的光芒。这光束是他不敢失去的希望。可悲的是，为了竭尽全力不让自己失去那一丝光明，他从未想过放手探索牢房里其他地方的黑暗。而他一旦放手，便会发现牢房另一端的门是开着的。只要他愿意，就可以自由地走进阳光里。

黑暗中的对话

黑暗牢房中囚犯的故事是关于放手的，这让我想起了我和朋友在纽约参加的一个互动展览，名为"黑暗中的对话"。在那个展览上，我们体验了盲人的世界，很受启发。这段体验对我来说很有趣，但永久失明究竟是什么样子的，于我而言只存在于想象中。然而，就在我努力同情盲人的时候，我们的盲人向导提醒说，残疾人需要的是我们伸出援手而非给予同情，并且每个残疾人可以自己决定是否接受我们的帮助。他通过教授我们如何为盲人带路，亲身示范了这一点。在这堂课之前，我没有意识到也很少思考这个过程，如果没有这堂课的学习，我可能会匆忙地抓住盲人的手，直接带路。然而正相反，向导说，我们要做的是伸出手臂，等待盲人也伸出手来接受这种帮助——或者不接受。盲人能够感受到我们的存在，并衡量彼此的距离。这是一个给予和接受的过程，普通人要做的是给予、相信这个过程，并允许盲人调整空间，找到我们的手臂和他之间的舒适距离。当然，在这个同时包含身体和心理的带领工作中，我们都可以看到其中蕴含的人本主义基本原则。

互动展览以几句存在主义导向的名言开始，这让我惊喜不已。第一句话选自希伯来的存在主义神学家马丁·布伯（Martin Buber），他的这句话涵盖了整个篇章——"相遇是唯一可能的学习方式"。这句话对我来说特别有意义，因为治疗师与来访者的真诚相遇，是存在-人本主义心理治疗的本质。此外，当我不得不通过眼睛以外的其他感觉器官来探索、触碰和信任我在黑暗中遇到的一切时，我也切身体验到了这句话的含义。我们的导游在黑暗中游刃有余（这可以用来隐喻存在主义治疗师），他不断提醒我们要放下用眼睛"看"的欲望。他一遍又一遍地教导说，我们越是能放下用熟悉的视觉去探索一切的欲望，就越能发现其他感官惊人的敏锐性。当我重新体验砾石、草地以及地毯的纹理和触感时，这很快变成了一种正念行走的练习。我也惊讶于自己敏锐的听觉，我是多么迅速地识别出之前在背景中徘徊的声音。它提醒了我，其实我们随时可以感知到不同的意识领域。我们选择关注什么，一直是一个关于调整的问题。当背景变成了前景，原本存在的部分就登上了舞台。这是一种觉醒。最后，一个全新的气味世界进入了我的意识——只能依靠嗅觉的我，学会了欣赏狗狗散步时喜欢闻的各种芬芳。这一点在提醒我，要向我毛茸茸的朋友们学习如何放慢脚步，"闻闻玫瑰的花香"。如果我能放慢脚步，改变"频道"，前方还有一个平行宇宙等着我去发现！

这段经历让我对中国当代诗人顾城的代表作《一代人》有了新的认识。"黑夜给了我黑色的眼睛，我却用它去寻找光明。"尽管顾城提到他用黑眼睛去寻找光明，但他写的新眼睛，也许正是督导师试图在受督者身上开发的"第三只眼睛"或"第三只耳朵"。当然，对我来说，这次经历体现了放下我们的一双旧眼睛，学会信任其他感官的必要性。同样，马塞尔·普鲁斯特（Marcel Proust）曾写道，真正的发现之旅不在于寻找新的风景，而在于拥有新的眼光。甚至在更基本的层面上，"黑暗中的对话"和顾城的这句话告诉我，在黑暗中找到光明是可能的，但它需要放手。如同波斯谚语告诉我们的：只有当夜晚足够黑暗时，我们才能看到星星。

以上描述的所有体验，都与督导和治疗有明显的相似之处。我会在这里简要地分享我学到的一些经验。首先，"黑暗中的对话"提醒我要"超越显而易见的事物"。它强化了安托万·德·圣-埃克苏佩里（Antoine de Saint-Exupery）在《小王子》中教导的："只有用心才能看得清楚。任何本质的东西都是肉眼看不见的。"互动展览上，盲人音乐家史提夫·旺德（Stevie Wonder）也表达了同样的观点："一个人的眼睛看不清，不代表他没有视力。"这次展览还教会我，真正的观察（和倾听）需要放手。放开我们已知的，这样我们就可以进入未知的领域，探索发现新事物，这也是英国存在现象学治疗师欧内斯托·斯皮内利（Ernesto Spinelli，1997）描述的一种开放的状态。除此之外，我还学到我需要放慢脚步、放缓速度，尤其是在黑暗中。如果我要进入那个平行宇宙、那个不同的意识领域，如果我要停留在本体论的存在方式中，慢下来是如此重要。这些重要的技巧都将被传承给受督者。

此外，我还领悟到，黑暗会将人聚在一起。我在展览中读到的海伦·凯勒的名言同样传递了这一点——"在黑暗中与朋友同行,胜过在光明中独自行走"。我来参加展览,一群陌生人也是如此。我们在等候区的灯光下很自然地保持距离,每个人都待在自己的空间里。然而一旦关灯,距离就消失了。在展览的无数"死胡同"中,每个人都被迫与陌生人主动沟通,以免撞到对方。没有眼睛的帮助,我们只能用手探索和感知,这自然导致了比预料中更多的身体接触。在光的世界里,我们的身体接触可能被理解为亲近的摸索;然而在黑暗中,它们成了必不可少的探索方式。过去的我缺乏在黑暗中行走的经验,无法充分领会海伦·凯勒的这句话。而进入盲人世界的一个小时(感觉像是10分钟,因为我完全沉浸在当下)让我对这句话的意思多了一点理解。它让我认识到在黑暗中,友谊和向导的重要性,因为我无法想象,如果没有向导不断安慰的声音,我如何能够在黑暗的世界中生存。他不断建议我们寻找他的声音,并关注他给出的重要指示,这使我更深入地理解了《圣经·诗篇》第23篇中的诗句,那是关于牧羊人的杖如何安慰迷途的羔羊的。

　　向导不断发出令人安心的声音,为我们如何指导受督者做了一个很好的示范,我将在本书的下一章"特蕾西的故事:混乱中的稳定"中进一步阐述这一点。在巨大的焦虑中,受督者往往只是向我们寻求一种安慰的声音。当来访者迷失时，我们教导受督者要在场，并愿意和他们一同迷失；当受督者迷失时，我的经验和盲人向导告诉我，我们可以通过简单的安抚来证明自己的存在，告诉他们，在黑暗中，虽然他们可能没有看到我们，但我们的支持和存在将与他们在一起，正如他们陪伴来访者进入黑暗。这一点在我为一些进行危机干预的咨询师提供支持的时候被无数次证实——可以想象，他们面临来访者的自杀危机，要承受多么可怕的焦虑。

最后，我不禁想到，在我与黑暗对话的一个小时里，的确是盲人在引导盲人。只是，我们的盲人向导在黑暗中如鱼得水，他提供的抚慰人心的指导竟然那么滋养。这让我想起维克多·弗兰克尔（1985）的教导，即使我们自己在意义方面仍旧处于黑暗之中——而且可以肯定的是，我们无法告诉来访者或是受督者，他们痛苦的意义是什么——我们能做的，只是在黑暗中继续作为盲人向导，提供信心和确认。这个过程中有意义存在，并且我们承受的一切都是学习的一部分。另一种说法是，相信这个过程。向导稳定的声音不仅告诉我该走哪条路，而且感知到他平静笃定的态度，我确信，只要我继续一步步向前走，最终会找到一条出路。而事实上，如果曾经穿越过黑暗，我们就很可能成为更有信心的向导，向受督者保证那些在黑暗中的对话是有意义的，最终一切都会好起来。

放下技术

受督者必须放手的是什么？正如无数治疗师和督导师教导的，我们必须好好学习技术，但在治疗过程中放下技术。欧内斯托·斯皮内利（2005）强调，存在主义心理治疗不强调任何特定的治疗技术或方法，而是为治疗师提供一系列基本原则、指导方针和意义结构，作为其实践的基础。事实上，任何对技术的过度强调都会成为理解来访者的阻碍。"不是理解跟随技术，而是技术跟随理解"（Misiak et al，1973）。亚隆（2002）总是向他的受督者强调，不要在下次和来访者会面的时候就实践督导课上讨论的各种技巧，因为不同的时机，一切都会出现偏差。那些掌握很少技术的初学者，就好像一个人只有一把锤子，看什么都像是钉子。2010年在中国南京举行的第一届存在主义心理学国际大会上，我听到的放下技术的最好原因来自一个学生。她用平静而有力的声音告诉大家，如果你放下（某一种）技术，那么所有技术都可以为你所用。这是多美的道家思想，她一定仔细研读了《道德经》的第三十八章。该章谈到，最高的美德是无为而又无心作为（上德无为而无以为）；她接着谈到了庄子的相对等级概念(《庄子·秋水》),一条河与大海相比可能相对较小,然而从总体上相对整个宇宙来说,两者都很小。因此,与该领域的其他专家相比,她可能只是一棵草;然而在浩瀚的心理学知识领域,所有人都是学生。这次会议汇集了东西方存在主义心理学领域的领军人物,然而,正是这棵"小草"的智慧让我至今难忘。"道"就是这样的,虽然渺小而无足轻重,实则天下无物可驭此淳朴无雕之块(《道德经》第三十二章"朴虽小,天下莫能臣也")。

庄子写的以下这则寓言,体现了他对技术的局限性的理解:

> 荃者所以在鱼,得鱼而忘荃;蹄者所以在兔,得兔而忘蹄;言者所以在意,得意而忘言。吾安得夫忘言之人而与之言哉!

> 译文:竹笼是用来捕鱼的,捕到鱼后就忘记竹笼了;兔网是用来捉兔子的,捕到兔子后就忘记兔网了;语言是用来表达思想的,领会了含义就可以忘掉语言了。我怎样才能找到那个无须语言就能交流的知己呢!

最后，正如佛陀在上文提到的关于"木筏"的寓言中所教导的，过河后不要忘记丢掉木筏，以免它成为你继续旅程的妨碍。

放下目标

在放下技术的同时，学生也需要学会放下目标。有人可能会问，没有目标又如何进行治疗呢？目标会妨碍我们的工作，一旦咨询师为自己或来访者设定了一个目标，我们就会以达到这个目标为目的去运用技巧。目标会诱惑我们为它服务，而不是顺其自然，让一切水到渠成。许多短期的、以解决问题为焦点的治疗方法，会鼓励来访者制定一个目标，以便更加聚焦，同时增强动机，这通常是为了实现特定的目标行为或短期目标。然而，如果一个人追求的是根本上的改变，或者是意识及存在方式的转变，目标往往会成为阻碍。以东方哲学领域的著名学者阿伦·瓦兹（Alan Watts）的话为例，他在《禅之道》（*The Way of Zen*）一书中写道：

> 研习禅宗及所有远东艺术的首要原则是：切忌着急——所有涉及匆忙、急迫的一切，都是致命的。因

为没有什么要达到的目标。一旦有了目标，就不可能踏实地践行这门艺术，不可能掌握技术的严谨性。在大师监督和审视的眼光下，人们可以日复一日、月复一月地练习汉字书写。但那种眼光就像园丁观察一棵树的成长一样，希望他的学生能有树的态度——无目的的成长态度，没有捷径，因为道路的每个阶段都是开始和结束。因此，最有成就的大师在"到达"目的地后，不会像最懵懂的初学者那样沾沾自喜。

矛盾的是，有目的的生活似乎没有内容，没有意义。匆匆忙忙地赶路，却错过了一切。无须着急，漫无目的地生活并不会错过任何东西，因为只有在没有目标和放慢脚步的时候，人类的感官才会完全开放，接受这个世界。不着急也包括不去对事情的自然过程进行某种干预，特别是当我们感觉到，自然进程遵循的原则对我们的大脑而言并不陌生。因为正如我们所看到的，道的心态除了一切的"自然生长"，什么也没有制造或推动。（Watts，1957）

作家（和诗人）再次提出了最有说服力的论点。赫尔曼·黑塞（Hermann Hesse）在他的超越性小说《悉达多》（*Siddhartha*）

中写道：

我"……我能够对你说什么呢？还是说说你探索很久的东西？说说你为什么探索不已而无所得？"

……

"当某个人探索的时候，"悉达多回答说，"事情看来很容易，因为他眼睛里只看见这件他所追寻的东西，但是他什么也找不到，什么也都不能够进入他的内心，因为他脑子里永远只是想着这件东西，因为他只见到一个目标，因为他被自己的目标所支配了。探索应该称为：我有一个目标。寻找则应该称为：自由自在，独立存在，漫无目的。你，可尊敬的人，也许事实上是一个探索者，因此你努力追求你的目标，而当它就在你近旁时，你瞧着它却又觉得不入眼了。"（Hesse，2012）[1]

---

[1] 黑塞.悉达多[M].张佩芬，译.上海：上海译文出版社，2013.

相信过程

　　使我们能够放下目标和技术的，是相信过程的能力和经验。这种相信是无法教授的，它只能通过体验获得。我在初次学习水肺潜水时就充分体验到了这一点。我游泳很糟糕，并且我知道，正是对溺水的恐惧使我无法享受在水中的乐趣，无法成为一个合格的游泳者。如果我可以放松下来与水融为一体，这种体验将变得更加愉快。理智上，我理解这一切，然而，当害怕在我的爬行动物脑里迅速转变为恐惧时，理论就被抛到了脑后。然而，水生世界的宁静与美丽仍旧深深吸引着我。于是我穿上救生衣，开启了寻找美丽和冒险的征程。这样浮潜一段时间后，我想挑战自己并开始设定目标。这些目标提供了推动力和动机，但也改变了体验。一旦有了目标，我就会开始集中精力，不再理会曾令我烦恼的其他小的不适。然而，当我不断尝试却无法达到既定目标时，体验也发生了变化。我开始执着于这个目标，我的注意力转移到完成目标以及为什么要花这么长时间上。我的呼吸变得浅而急促，先前经历的不适感被放大，出现了轻微的恐慌。曾经的愉快体验变成目标导向，尝试变成了动机，变成了一种尽快完成任务的驱动力——完成后我就可以奖励自己畅快地呼吸一口空气。当然，讽刺的是，如果我能够放下，充足的空气其实一直都在那里。设定目标对我来说是有益的，因为有目标和方向是很好的。实现上，这个目标甚至可以提高我的自尊，给我更多的信心。然而，这一切都取决于过程。事实上，如果这个过程的体验是令人愉快和自我肯定的，我的信心肯定会增加；另一方面，当过程要为成就服务时，恐慌很快便会浮现。虽然我最终实现了目标，但我对水的恐惧并没有减弱，过程终究比目标更重要。那么相信过程呢？我发现，如果我仅仅关注呼吸，甚至一个一个地数着自己的呼吸，我最终会比想象的更快到达目的地，而且往往是在不知不觉中到达。在这个过程中，我消耗的空气和能量相比目标导向要少得多，这让我感到更加愉快。

在海面上享受了和水的互动之后，我想进入更深处，于是决定尝试一下水肺潜水。我很想直面自己的恐惧，因为导游也分享了他的经历。他说，一开始他非常抗拒浸入水中。然而在下潜20分钟后，他就不想上来了。这与我的体验不谋而合，我再次学会了放松和信任这个过程——非常基本的呼吸过程。事实证明，一旦我学会了相信，我消耗的空气就会少很多，也能在水下待得更久。最终，使我相信的是我自己的主观体验，仅仅靠朋友和导游的鼓励，根本不足以让我把安全的救生衣换成沉重的水肺气罐。我必须亲自去体验。是的，一旦我放松下来，"知道"一切都会好起来，整个过程就变得更加享受。事实上，我不仅仅感到安全，在学会与呼吸和周围环境融为一体之后，我也真的不想上来了。瓦兹的话再一次教导我们：

> 但是，就禅宗而言，最终结果与它无关。因为，正如我们一直看到的，禅没有目标，它是一场没有意义的旅行，无处可去。旅行就像活着，但到达目的地就像是死了一样。正如我们自己的谚语所说，"享受旅途比到达目的地更重要"。
>
> 人们必须简单地面对这样一个事实：禅是生命中完全超出我们控制的那一面，它不会通过任何形式的强迫、争吵或手段而来到我们身边——这些伎俩只会制造出真相的赝品。（Watts，1957）

关于放下目标、计划和相信过程，我想起了一句流行语：人在计划，上帝在笑。我们认为自己能够掌控，并尽可能地制定计划。然而事实上，有一种更大的力量在发挥作用。中国有一个很著名的典故"塞翁失马"：古代一个老人以养马为生，有一天，他最好的种马跑了。村里的人都来安慰他，因为他失去了这么好的马，但他自己却颇为平静，根本无须安慰。村里人因此感到很疑惑。"是这样的吗？"他喃喃自语，"失去是不可避免的，有所失，必有所得。"果然，几天后，这匹种马带回了一匹健壮的母马。大家纷纷上门祝贺老人又获得了一匹出色的马。"是这样吗？"老人淡定回应，"有所得，必有所失。没必要太兴奋。"确实如此。几周后，老人的儿子骑新获得的母马时摔下来断了腿，他摔得很严重，以至于后半生都成了残废。唯一的儿子成了瘸子，村民都觉得老人肯定崩溃了，纷纷来安慰他。"是这样的吗？"老人依旧泰然自若，"有些意外会成为变相的祝福。"十年后，这个国家陷入了一场残酷的内战。有一天，一支军队袭击了村庄，强行征兵带走了村里全部的青壮年，除了跛脚的年轻人——正是老人的儿子。人在计划，上帝在笑。

真诚和一致性：成为我们自己

我的同事杰森·迪亚斯（Jason Dias, 2017）写道，我们的督导目标不仅是培养受督者在咨询室中的高超技术，更要帮助他们成为正确的人，使他们的存在本身就具有治愈性。受督者为了成为专业领域的大师而参加培训——但其实他们可以放下这些，只是简单地与人相处。一旦成为治愈性的存在，就无须努力去帮助别人，只做自己就可以帮到别人。因此，杰森经常对他的受督者强调："不要试图帮助别人，而是努力成为有帮助的存在。"

所以，这个"正确的人"当然是指我们自己。迪亚斯和尼采都曾指出：除了自己，一个人怎么可能成为其他人？尼采的著名箴言"成为你自己"和"完善你的生命"（Yalom，1992）乍看很愚蠢，实际很深刻。想想看，除了自己，我们还能是谁？然而，成为自己是培训的终点。从觉察和理解自己开始，进入痛苦的解构、清空和改变自己的过程，最后的终点是重新回到自己——一个既相同又不同于曾经的自我和存在。因此，让我们再次回顾那句著名的禅宗名言：看山是山——看山不是山——看山还是山。

这也让我想起了自己作为治疗师的个人发展。正如之前提到的，在"自性化"的过程中，我意识到我一直都是一个存在主义者。即使是在十几岁的时候，我也更喜欢在星空下闲逛，和几个亲密的朋友闲聊，而不是参加派对。我当时没有意识到这一点，但我在思考我的存在和我在浩瀚宇宙中的位置。这很"书呆子"，但我十分享受。我还记得无数次和朋友坐在一起时，他们向我倾诉心声。这感觉有点奇怪（不是青少年应该做的事情），但我在见证他们的挣扎时，又感觉很自如。那时的我是一个未经打磨的菜鸟"治疗师"，只是尽我最大的努力陪伴朋友。读研的时光是一段解构治疗师含义的时期。那时的我正为成为一名心理健康专业人士而接受培训，批判性地审视朋友与治疗师的角色。我学会了各种临床技能，最终毕业并通过了执业资格考试。如今的我已经进入了人生的后半程，正在尽最大努力做回青少年时期的我——作为朋友、陪伴者和治愈的存在。我愿意相信，现在我成了更好的朋友、陪伴者和治疗师。不过说实话，我早就忘了、也没衡量过我的存在对我的青少年朋友究竟有多大的治愈作用。但我相信，他们都很感激我。清空和解构的过程仍在继续。每当回忆起青少年时期的我已经在无知无觉中成为一名治疗师，我就忍俊不禁。可以肯定，很多敢于追逐治疗师梦想的申请者像我一样，具备这些"未知品质"：或许，他们的朋友也认为他们善于倾听；或许，他们也对生命和自己在宇宙中的位置有着基本的好奇。成长是一个循环过程，如果要帮助受督者回归自我，治疗师必须有良好的储备。善于见证和陪伴是必不可少的，我认为这是天生的。申请人/受督者可能还没有意识到自己具备这一品质，但经过内省，他们也会开始意识到，朋友经常前来寻求慰藉，正是因为识别出了他们的这种天赋。

庄子也意识到，必须有一个具备亲和力的东道主来接受

"道"。他写道:

> 使道而可献,则人莫不献之于其君;使道而可进,则人莫不进之于其亲;使道而可以告人,则人莫不告其兄弟;使道而可以与人,则人莫不与其子孙。然而不可者,无佗也,中无主而不止,外无正而不行。由中出者,不受于外,圣人不出;由外入者,无主于中,圣人不隐。名,公器也,不可多取。仁义,先王之蘧庐也,止可以一宿,而不可久处,觏而多责。

译文:如若大道可以进献,那么人人都会把它献给国君;如若大道可以奉送,那么人人都会把它送给双亲;如若大道可以告知他人,那么人人都会把它告诉给兄弟;如若大道可以给予人,那么人人都会把它传给子孙后代。然而大道是不能赠予传授的,原因无他,内在没有接受大道的真心,是留不住它的;外在如果不合于道,就无法被外方接受。内在生发出来的一切,如果外界不接受,圣人也就不会把它拿出来;从外界接收的内容,倘若不符合内心真实的渴望,圣人就不会把它留在心里。人人都在追寻名誉,但不可过分执着。仁义之名，如同上任帝王的房舍，可以暂住而不能久居，否则终将招致骂名。

老子也意识到，对"道"的亲和力，就像疗愈和陪伴的天赋一样，在别人看来往往是陌生的。然而，那些心领神会的人很快就能将它付诸实践。

《道德经》第四十一章
上士闻道，仅能行之；中士闻道，若存若亡；下士闻道，大笑之——不笑不足以为道。

译文：上士听了道，仅仅能努力去践行它；中士听了道，似懂非懂；下士听了道，大声嘲笑——如果不被嘲笑，那就不足以成为道了。

庄子所写的关于"老泳者"的寓言，也同样体现了循环原则：

孔子观于吕梁，县水三十仞，流沫四十里，鼋鼍鱼鳖之所不能游也。见一丈夫游之，以为有苦而欲死也，使弟子并流而拯之。数百步而出，被发行歌而游于塘下。

孔子从而问焉，曰："吾以子为鬼，察子则人也。请问：蹈水有道乎？"曰："亡，吾无道。吾始乎故，长乎性，成乎命。与齐俱入，与汩偕出，从水之道而不为私焉。此吾所以蹈之也。"孔子曰："何谓始乎故，长乎性，成乎命？"曰："吾生于陵而安于陵，故也；长于水而安于水，性也；不知吾所以然而然，命也。"

译文：孔子在吕梁观赏风光，看到瀑布高悬三十仞，激流和水花飞溅远达四十里，鼋鼍鱼鳖都无法游过去。这时他看见一个成年男子游在水中，以为是遭遇困苦后想结束生命，孔子就派弟子顺着水流去救他。而那成年男子游出数百步远才浮出水面，还披头散发歌唱边游到堤岸下。

孔子紧跟在他身后询问道："一开始我还以为你是鬼，细看才知道是人。请问，你游水有什么特别的技巧吗？"

那人回答："没有，我并没有什么特别的技巧。我开始于本然，再顺着自己的天性成长，最终完成自己的使命。我跟着旋涡下到水底，又跟着向上的涌流一道游出水面，顺着水势不做任何违拗。这就是我游水的方法。"

孔子说："什么叫作'开始于本然，再顺着自己的天性成长，最终完成使命'呢？"

那人又回答："我出生于群山之中就安于山中的生活，这就叫作始于本然；我生长于水边就安于水边的生活，这是我的天性；我不知道自己为什么会这样做而去做了，这就是我的使命。"

打好根基的重要性

玲决定成为一名烘焙师，从源头上了解咖啡豆，这让我意识到掌握基本原理和回归原点的重要性。在得知玲的决定后，我的朋友伊万向我指出了玲的决定中既美好又矛盾的地方，即"通过回到过去/原点来向前迈进"。完全正确，我心想！他的话让我立马想到涉及心理治疗的实践时，基础知识和基本原理是至关重要的。在教授如何进行以存在-人本主义方法为基础的治疗时，我经常面临这样的问题：该向我的受督者教授和示范什么。在思考这个问题的时候，我回想起我的交际舞教练曾经讲过，令人敬佩的专业舞者是如何将美丽而困难的东西变得如此简单的，这正是我在玲为我准备那杯"家常拿铁"时观察到的。她一边和我聊天，一边快速而高效地工作。经过3分钟的专业处理，一杯美味的拿铁咖啡出现在我面前。整个过程是如此顺畅，给我一种错觉，让我以为这个过程本就十分简单。直到后来她向我描述冲泡一杯好咖啡的各个步骤的重要性时，我才意识到，她所做的每一个步骤都是经过了大量学习和每天练习得到的结果。这很好地示范了贯穿本书的"无为"概念。玲那流畅和训练有素的动作，让我想起了中国流行的谚语——"台上十分钟，台下十年功"。

本着"无为"的精神，交际舞老师鼓励我在舞蹈的基本功上下功夫，而不是过分迷恋那些复杂的舞步。她告诉我，当看到世界冠军每天都在练习基本舞步的时候，她也曾大吃一惊。如果世界冠军都在努力提升他们的基本功，那么你呢？如果没有精准地掌握基本动作，舞者就无法优美地跳出那些复杂的舞步。而我能做到最好的，就是不伦不类的模仿——尽管老师不忍心告诉我那看起来不怎么样，然而在回看自己的舞蹈录像时，我终于还是面对了这个可悲的现实。幻想的火焰被现实的冷水浇灭了。即使我当时没说，老师可能也知道基本功对我来说是多么"无聊"。我总想更进一步学习高级舞步，因为它们看起来更有趣、更漂亮、更好玩。那时的我还没能去欣赏每一个基本舞步核心的微妙之处蕴含的简单之美，也还无法体会到基本动作成为我身体运动中自然而然的一部分时带来的乐趣。我还停留在由外而内的跳舞阶段，没有学会什么是由内而外的舞蹈。如果我对跳舞有足够的热忱，这是一个我必须坚持和突破的过程。我仍然在探索和体验的旅程中。

心理治疗和生活亦是如此，简单的事情是最难的。我们必须坚持下去，直到困难再次变得简单为止。玲和我的舞蹈老师向我证实，治疗不仅仅局限于专业实践，生活方式也是很重要的方面。他们也加强了我的教学信念，我更坚定地向学生展示学习和大量练习基本"微技能"的重要性，因为这些对促进治疗变化至关重要。我更加确信，专注倾听、同理心和真实不仅仅是学习和前进的基石，还是一次又一次回归自我的关键基础。比如，在教授同理心的时候，卡尔·罗杰斯说，他的目标不是与来访者"共情"，他追求的只是尽可能地了解来访者。他教导咨询师，共情是一种存在方式，而不是一项需要掌握的特定技能。听起来很简单，不是吗？就像理解他人一样简单。

作为总结，2014年美国海军上将威廉·麦克雷文（Admiral William McRaven）在得克萨斯大学的毕业典礼上发表的演讲阐明了这一切。麦克雷文告诉毕业生，做一个"甜心饼干"没什么大不了的。"甜心饼干"指的是在海豹突击队训练中，一些人没有通过某种形式的检查，于是被命令穿着衣服跑进海里，在沙滩上打滚，直到身体的每个部分都被沙子覆盖。麦克雷文说："有时候，无论你准备得多充分、表现得多好，最终还是会成为一块'甜心饼干'。生活有时候就是这样。"随后，上将以整理床铺这一简单且看似无关紧要的普通任务为例，谈到了回归基本、把小事做好的重要性：

> 在海豹突击队的基本训练中，我的教官每天早上都会出现在营房里，他们做的第一件事就是检查你的床。
>
> 标准的做法是，床角要是方形的，被子被拉得很紧，枕头正好放于床头板的中央，额外的毯子整齐地叠在"架子"底部——架子（rack）是海军对床的说法。
>
> 这是一项简单的任务，充其量算是个普通任务。但是每天早上我们都被要求把床整理得很完美。这在当时看起来有点可笑，尤其是考虑到我们都渴望成为真正的战士，成为经过战斗洗礼的海豹突击队队员。但是我多次意识到这个简单行为蕴含的智慧。

每天早上整理完床铺后，你就完成了一天的第一项任务，这会给你带来小小的自豪感，它将鼓励你完成接下来的一项又一项任务。

到了一天结束时，和早上比起来，你完成的任务多了许多。这个时候你铺的床也会强化这样一个事实：千里之行，始于足下。如果你不能把小事做好，那么就永远做不好大事。

并且，如果你碰巧度过了不愉快的一天，回到营房后，看到整齐的床铺——那是你自己整理的——一张整理好的床铺会安慰你，明天会更好。如果你想改变世界，请从整理床铺开始。（Jacobs，2015）

麦克雷文上将关于生活和领导力的课程，鼓励我坚持从小事做起的原则，并将这一原则传授给我的受督者。如果渴望由内而外地舞蹈和实践心理治疗，就要先把基础做好。

无为

矛盾的是，受督者最难放下的事情之一，就是企图帮助或校正来访者的欲望。这并不是说要他们缺乏动力或不在意来访者，而是说他们需要将自己的疗愈方法放到一边，给来访者的自主方式让路。这意味着有意地不去做某件事，努力不强加个人意志，选择不行动或不刻意行动，以及没有计划地行动。用另一种说法，就是道家的"无为"观念。对无为的另一种理解是意图和行为同时进行，不强迫、不强加、不干涉。无为被描述为不做什么，但它并非什么都不做。庄子将无为的心态描述为"如水般流动，如镜般静止，如回声般回应"。

> 在己无居，形物自著；其动若水，其静若镜，其应若响；芴乎若亡，寂乎若清；同焉者和，得焉者失；未尝先人，而常随人。

> 译文：人若不执着于自己的主观成见，万物的形态便会自发呈现；行动时像流水，静止时如明镜，回应时若回声；忽然如无形，寂然如清虚；与万物一体而分外和谐，贪多则终究得不偿失；从不与人争先，常常跟随于别人之后。

我们要如何跟受督者讲授无意的有意？又如何使他们学会有意的无意？阿伦·瓦兹（1957）写到了同样的问题，并建议学习日本禅宗射箭和书法的练习方式。他描述了奥根·赫立格尔（Eugen Herrigel）从日本禅师那里学习射箭艺术的经历，以及从日本禅师长谷川三郎那里学习如何将用画笔作画的过程理解为"可控的意外"。赫立格尔花了5年时间学习像果实成熟、果皮自然皲裂一样，在无意中松开弓弦。他尝试学习解决两对矛盾：无意的有意和毫不费力的努力。他想要搞清楚，如何无心、无念、不假思索、不加选择地放箭。他的师父让他坚持不懈地练习，同时又不要尝试和努力，最终达到让箭自己射出去的程度。经过多年的无为式练习，确实有一天，箭自己射出去了，赫立格尔却一直不明白为什么。这与书法或水墨画的原理是一样的——画笔必须自己书写或绘画。这只有通过无休止的练习才能实现，但这种练习是不需费力的。书法、绘画和弓道一样，都是"无心无念"的，因为一个人必须在没有做决定的情况下推进。他没有做决定的时间，决定和行动必须同时进行。这些是对督导和心理治疗过程的恰当比喻，因为督导师也在努力教导受督者无意的有意，以及心理治疗中"均匀悬浮的注意力"是如何自发地自律和自律地自发的。

正如阿伦·瓦兹（1957）建议的，无意的有意只能通过无尽的练习和体验来实现。无为必须从经验上加以把握，头脑上的理解只是一个开始。换句话说，积累临床时长和生活体验是不可替代的，受督者必须投入时间实践。督导师能提供的不仅是临床技巧和方法，还有体验式的学习，即让受督者体验无为或道的感觉。同时，督导师必须不断督促受督者持续练习，相信会有瓜熟蒂落的那一天，他们的坚持总会得到回报。督导师与受督者都是带着信念练习，却不知道那一天何时会到来，甚至不知道箭是如何"自己射出"的。

玲在描述她如何学习技能成为一名咖啡师的时候，也同样告诉了我这一点。玲说，当时她去台湾学习了成为一名优秀咖啡师所需的知识和技术，然而这只是个开始。她接着说，如果我有兴趣成为一名咖啡师，她会毫不犹豫地把她的知识、食谱和技术统统传授给我。然而，这并不能使我成为一名咖啡师。"那我需要做什么？"我问。玲回答说，她在台湾当学徒时，学到了经营一家咖啡馆和制作一杯好咖啡所需的知识。然而，真正令她成为如今这样一位咖啡师的是实践。练习是无可替代的——无休止地专注练习，然后对自己的工作用心品尝和评价。水温、时间、如何研磨和包装咖啡豆，都是可以被传授的。然而，制作一杯好咖啡的艺术中需要的感觉和直觉，是无法教授的，必须通过不断地制作和品尝咖啡来自己学习。"就拿一个简单的动作来说——均匀倾倒以提取咖啡豆的味道。我可以向你示范这个技巧，但若是想真正掌握这种感觉，感知倾倒对咖啡口味那细微差异的影响，只有通过自己的练习。同样的原则也适用于包装咖啡粉这个重要步骤。试着想象一下，包装好的咖啡粉的密度会影响热水的流速，而这又会影响咖啡的味道。有一些压力式咖啡机允许人们调整压力，客观又统一；然而，有经验的咖啡师更喜欢简单的咖啡机，因为于他们而言，培养自己对压力的感觉很重要，这样他们每次都可以更好地控制压力的力量。"玲解释说，"如果你练习得够多，它就会成为你的第二天性，你就能即时调整。"水温、咖啡研磨和压力的原理是很重要的，但决定一杯好咖啡的真正微妙之处，是感觉和直觉的艺术。这种艺术只有通过实践才能实现。

制作一杯咖啡大约需要2~3分钟。而在这短短的时间内，要完成许多重要的步骤。因此，人们必须保持专注，以便在必要的时间内执行必要的步骤。尽管时间很短，但不能急于求成。这是一种在期待中等待的矛盾状态。所有这些都反映了禅宗精神和道家的无为。一个人在练习中必须是刻意的，但矛盾的是，所有这些练习的目标是在无意中进行。

赫立格尔"有意的无意"使我意识到，为什么玲要在成为更好的咖啡师的道路上继续前进。她无法准确解释她作为咖啡师的技能是如何提高的，也无法准确解释均匀倾倒的感觉或压咖啡粉的正确压力。她知道自己已经有所进益，但她也知道，如果要精进，她必须继续学习和练习。赫立格尔花了5年时间来找到箭自己射出的感觉。他无法解释这是如何或为什么发生的——它就是发生了。他来到了可以真正开始的地方。我不禁想，也许玲也是这样，7年后，她也来到了一个点，在这个点上她可以真正开始达到不可企及的目标。我的舞蹈也是如此。通过无数次的课程和被教导（但常常不理解）一个人必须如何由内而外地跳舞，我终于能够偶尔感受和体验到老师试图传达给我的东西，而这正是我希望我的学生达到的目标。我也敦促他们非常矛盾地持续工作，同时放下改变来访者的欲望，"相信这个过程"。我的觉醒时刻是在实习期间偶然发生的，当时我听到自己在没有任何努力和尝试的情况下，说了一句与我的研究生导师温斯顿相似的话。这句话就这样从我嘴里冒了出来，我惊呆了！这就像一次灵魂出窍的经历，我在没有刻意努力和有意图的情况下内化了我的导师。它就这样发生了——讽刺的是，这发生在我离开导师去实习之后。就像玲所说的，对无为与禅宗知识的阅读和自学，以及对实践的投入，帮助我学习和教授"有意的无意"这一矛盾。玲对咖啡师艺术的投入激励着我，同样，我也致力于自己的追求——成为一名更好的治疗师和培训师。

最后，我与玲的对话发生在她即将关闭的咖啡馆里，柜台后面站着玲的学徒克里斯汀。在玲的手下工作一年后,克里斯汀计划回到她的家乡,开一家自己的咖啡馆。我的朋友伊万告诉我,在自己冲泡和品尝了无数杯咖啡后,克里斯汀作为咖啡师的水平有了很大提高。因此,玲的工作和投入精神在克里斯汀身上产生了涟漪,她也在有意无意地沿着自己追求艺术的道路前进。

庄子也认为,某些技能无法通过书本传递,必须通过体验来学习。他写了下面的寓言来告诫我们书本知识的局限性:

> 桓公读书于堂上,轮扁斫轮于堂下,释椎凿而上,问桓公曰:"敢问:公之所读者,何言邪?"公曰:"圣人之言也。"曰:"圣人在乎?"公曰:"已死矣。"曰:"然则君之所读者,古人之糟魄已夫!"桓公曰:"寡人读书,轮人安得议乎!有说则可,无说则死。"轮扁曰:"臣也以臣之事观之。斫轮,徐则甘而不固,疾则苦而不入。不徐不疾,得之于手而应于心,口不能言,有数存焉于其间。臣不能以喻臣之子,臣之子亦不能受之于臣,是以行年七十而老斫轮。古之人与其不可传也死矣,然则君之所读者,古人之糟魄已夫!"

译文：齐桓公在堂上读书，轮扁在堂下制作车轮。他放下锥子和凿子走到堂上，向齐桓公问道："请问您读的是什么书？"

齐桓公说："是记载圣人之言的书。"

轮扁又问："圣人可还健在？"

齐桓公说："已经去世。"

轮扁说："如果这样，您所读的书，都是古人的糟粕啊！"

齐桓公说："你一个制作车轮的匠人，竟敢随意议论寡人读的书！给你一个自圆其说的机会，若说不出道理，就等着被处死吧。"

轮扁说："臣下是从自己所做之事的角度来看的。制作车轮，榫眼太宽就容易滑动而不牢固，榫眼过紧就会涩滞而难以削入。不宽不紧，手上能做到，心中能想到，嘴里却说不出来，这是制作过程中一种无法言传的奥秘。臣下无法将这个技巧明确地告诉臣的儿子，而臣的儿子也无法从臣这里掌握这个技巧。所以臣下如今七十岁了还在自己制作车轮。古时的圣人先贤离世，他们那些不可言传的精髓也随之消失了，那么您所读到的不过是古人的糟粕罢了！"

专注

庄子在讲述捕蝉者的故事（本书第二章）时，谈到了无为的精神和专注的概念。卡尔·罗杰斯的学生兼之后的同事尤金·简德林（1981）写了大量关于专注的文章。专注开始于使大脑平静，平静大脑的最好方法不是批评或与各种想法争论，与你的思想斗争是没有用的。相反，蒂莫西·盖洛威（Timothy Galloway，1997）将专注和无为的原则应用于网球运动，他教导说，通过视觉加深专注的方法是专注于微妙的细节，专注于一些不容易被感知的东西，比如网球旋转时接缝处的图案。教导球员关注这些细节，比只要求他们"看着球"更有价值。当我们开始关注这些微妙的细节时，奇怪的事情发生了：我们的兴趣开始增加，我们开始发现，一件事情包含很多可以被了解的方面，比我们自以为知道的要多得多。再次强调，这种对未知的好奇是专注的一个强大助力，正是这份兴趣使我们在很长一段时间内保持这种专注。

意识就像黑暗森林中的一束光。凭借这束光，一定范围内的东西变得可见。物体离光越近，它被照亮的细节就越多。如果我们将光束通过反射器聚焦,这束光便成了探照灯。所有的光束都聚焦在一个方向上,这就是专注的力量。曾经消失在黑暗中的事物,一旦进入探照灯的照射路径,便可以清晰地显现出来。另一方面,如果反射器的镜片很脏,或者镜片上有瑕疵,或者光束晃动不稳定,那么射出的光就会分散,聚焦的质量就会降低。意识之光可以聚焦于外部世界、内部思想或感觉。事实上,专注于蝉的翅膀,是捕蝉人成功的秘诀。

最后要分享的,是天主教神学家托马斯·莫顿(Thomas Merton)对《庄子》中关于有为和无为的段落的介绍,他用诗意的方式总结了无为的概念:

> 智者的无为不是不作为。
> 它没有经过研究。它不为任何事情所动摇。
> 圣人是安静的,只因他不为所动,
> 并非他追求安静。
> 静水如同玻璃。
> 你可以透过它,看到你下巴上的胡须。
> 它是完美的。
> 木匠可以使用它。
> 如果水是那么清澈,那么完美,

人的精神又何尝不是如此？
智者的心是宁静的，
它是天地的明镜，
是万物的玻璃。
空旷、寂静、安宁、平淡、
沉默，无为：这是天地的层次。
这就是完美的道。
智慧的人在这里找到
他们的安息之所。
休息时，他们是空的。

空性产生了无条件的事物。
接着，是有条件的，个性化的事物。
所以，从圣人的空性中，生出了静止。
从静止中，产生了行动。从行动中，缔造了成就。
从他们的静止中也产生了不作为，这也是行动。
因为静止就是快乐。
快乐是在漫长岁月中
自在无忧又硕果累累。
快乐可以无忧地做一切事。

> 为空、为静、为安、为平。
> 寂静和无为
> 是万物之根。（Merton，2010）

尼采写道："对于所有深井来说，体验事物是很慢的：它们必须等待很久，才能知道，是什么掉到了它们的深处。"有经验的治疗师知道，正是团体领导者的平静和安宁抚平了团队的躁动不安。平静和觉察力是领导者的主要工具。团体心理治疗师约翰·海德（John Heider）对此有十分透彻的理解：

> 想象这个山谷里有一个池塘。当没有恐惧或欲望搅动池塘的水面时，水面会形成一面完美的镜子。在这面镜子里，你可以看到"道"的倒影。你可以看到上帝，也可以看到创造。
>
> 到山谷里去，静静地看着池塘，想去几次就去几次。渐渐地，你会变得沉默。池塘永远不会干涸。谷、池、"道"都在你心中。
>
> 领导者通过存在而不是行动来传授更多的东西。一个人的沉默比长篇大论更能传递信息。
>
> 静静地跟随你内心的智慧。为了了解你的内在智

慧，静下来是必须的。

懂得平静和深入体验的领导很可能是高效的。然而，喋喋不休、夸夸其谈、试图给群体留下深刻印象的领导者，是缺乏内核且没有分量的。

领导者的平静抚慰了团体的躁动。领导者的觉察是这项工作的主要工具。（Heider，2005）

结构和流动

记得我曾在香港指导过一个学生，她必须为她管理的小组做一个治疗计划。她的工作环境很注重实证，所以她被要求做一个为期8周的治疗计划，并为每次会面设定阶段和目标；此外，她还被要求为每个小组的热身、工作过程、回顾和总结阶段安排独立的时间。这就是结构，它是关于预测和控制的。然而，按照无为的方式，似乎根本就没有结构，一切都顺其自然。对于一个正在接受培训的新手治疗师来说，这是多么难以预料和令人恐慌的事情。

然而，我努力向所有受督者解释，遵循无为和存在的工作，并不意味着毫无结构。我解释说，在最初学习这门技术时，为小组做计划是可以理解的，这样做是为了减轻治疗师自己和来访者的焦虑。然而，当你渐渐成为一个更自如的治疗师时，便可以开始放弃一些控制和明显的结构，将自己调合到一个更大、更有力的潜在结构中，即圣贤们理解为道的方式中。庄子曾写道：

> 鱼相造乎水，人相造乎道。相造乎水者，穿池而养给；相造乎道者，无事而生定。故曰，鱼相忘乎江湖，人相忘乎道术。

> 译文：鱼享受游水的乐趣，人享受道。享受游水的鱼，造个池子来供养补给；享受道的人，无所为而心性安静。所以说，鱼游于江湖中就会互相忘掉，人沉浸于道中就会互相忘掉。

此外，庄子也通过以下寓言作为反例，要我们警惕不顺应自然的后果：

> 汝不知夫螳螂乎？怒其臂以当车辙，不知其不胜任也，是其才之美者也。戒之，慎之！积伐而美者以犯之，

几矣!

译文：你不知道螳螂吗？它奋力举起臂膀去阻挡车轮，根本不知道这是超出自己能力的事，这是因为它把自己的力量看得太大了。要警惕，要小心！总是炫耀自己的美去冒犯别人，那就危险了。

汝不知夫养虎者乎？不敢以生物与之，为其杀之之怒也；不敢以全物与之，为其决之之怒也。时其饥饱，达其怒心。虎之与人异类，而媚养己者，顺也。故其杀者，逆也。

译文：你不知道那养虎之人吗？他从不敢用活物喂养老虎，因为怕它在扑杀活物时激起凶残的本性；也从不敢用整个动物去喂老虎，因为怕它在撕裂动物时会爆发凶残的怒气；按照它的饥饱来喂养，顺着它的喜怒之情去疏导。老虎虽不同于人类，却顺从喂养它的人，这是因为养虎者顺应了它的天性。而被老虎咬死的人，是因为违逆了它的天性。

> 夫爱马者，以筐盛矢，以蜄盛溺。适有蚊虻仆缘，而拊之不时，则缺衔毁首碎胸。意有所至，而爱有所亡，可不慎邪！

> 译文：爱马的人，以竹筐装马粪，用珍贵的蛤壳接马尿。偶尔有蚊虻叮在马身上，如若养马者拍击不及时，马儿便会咬断马衔，使人遭蹄踢而毁首碎胸。发心是出于爱，却因为爱而适得其反，这可以不谨慎吗？

潜在结构更多的是关于原则、隐喻和悖论，而不是有形的事实、计划和逻辑。它更关注群体当下的需要，而不是遵循原先设定的计划。我的一位同事戴夫·舒尔金（Dave Schulkin）很好地诠释了这一点。他是一位存在主义治疗师，也是一名狂热的冲浪爱好者。人造设施，如过山车、赛车甚至特技飞机，都可以给人提供巨大的刺激，让我们体验悬崖勒马的快感。与之形成对比的是冲浪的美感、力量、持续时间和兴奋感。前者是可预测的，并且在我们的可控范围内，但与将自己交给海浪的自然流动相比，缺失了生命体验中的重要元素。这些生命和治疗的重要元素是什么？其中包括等待和观察、聚焦和感知、时机和定位、节奏和步调、能量和流动、存在和意识、短暂性和时限性、自然和人性。虽然在乘坐过山车、驾驶赛车和特技飞机时也存在这些元素，但当我们倚仗的推动力来自大自然本身时，体验是不同的。海浪的能量是无比强大、美丽、永恒、不可预测的，甚至有时是令人敬畏的。一旦一个人"驾驭了海浪"，体验到这种巨大的变化的能量，他就不可能再回到那些明显的结构中去。那些结构虽然高效，但与"道"相比就显得苍白了。下面是我的同事戴夫在他的《通往真实的旅程》一文中的优美描述：

> 我将双手浸入冰冷的水中，利用它的阻力来推动自己前进，感受它穿过我的手指。我的手臂，在经历了20多年的冲浪之后，已经知道该怎么做了。它带着我从海岸的边缘，穿过一排排汹涌的浪花，去到我想去的地方。在那里，我等待着，感受着海平面以一种比我日常生活节奏慢得多的节奏上升和下降。我思考着穿过海洋的能量波浪，然后停下来考虑我想尝试与哪一个波浪共舞。时间和位置至关重要。
>
> 在最后的决定中，我转身用冲浪板向岸边划去。当这股能量追上我的时候，我能感觉到海浪把我托起，

推我向前。现在我是海浪的一部分，正随着不断变化的水墙移动。当我流畅地转身并适应不断变化的环境时，脚下的冲浪板仿佛我身体的延伸。我迅速在水面上俯冲，凭直觉在瞬间做出决定，并进行微调，以适应海浪最强劲的部分。我带着充分的觉知活在当下，既是为了与周围的环境一起流动，也是因为我知道，实际上这乘风破浪的时刻转瞬即逝，不会永远持续。很快，能量消散了。我用最后的速度，从远离海岸的方向离开海浪，停在平静的水面上。我和这波浪潮的共舞已经结束了。我再次成为冲浪板上的一员，划着桨回到队列中，以最佳位置迎接下一个涌浪……

拥抱真实就是拥抱不确定性。我们没有办法确切地知道将要发生什么，或者下一刻会怎样。我能做的，只是观察现在正在发生的事情，并根据这些观察做出选择。作为一名终身的冲浪爱好者，我忍不住将这些与我在海洋中的经历直接联系起来。当我第一次抓住一个海浪的时候，我会对这个浪的走势有一个想法，但事实是我并不真的知道。所以在驾驭海浪时，我完全活在当下，用我的直觉与当下正在发生的事情共舞。就像存在-人本主义模式鼓励的，抓住当下时刻，充分利用我现在拥有的一切，因为当下就是一切。

这就是我们的终极目标：无论内在和外在都有这种意识和存在，与我们的存在性要素同在。（Schulkin, 2014）

这个过程当然是不安全和不可预测的。然而，当一个人愿意相信这个过程，并借助大自然的伟大力量时，难忘的翻转体验可能就会随之而来。这就是所谓的尊重自然法则——承认大自然才是终极权威。因为从存在-人本主义的角度实践心理治疗的目标，便是使自身与潜在的自然秩序保持一致。

以心理治疗中的结构和框架的概念为例：心理动力疗法强调严格的界限和坚定的分析框架，一个成熟且自律的治疗师能够坚守边界，并建立强大和安全的框架。因为如果能够坚持自己的分析框架，就可以发现很多东西。例如，如果治疗师能够就治疗的结束时间建立一个强有力的边界，他就能获得来访者潜在的、无意识的、动态的有用信息。然而，人本主义治疗师对边界和时间采取了不同的看法。人本主义治疗师不严格遵守人为的框架，而是倾向更灵活地处理界限，同时寻求与生活的自然结构和框架保持一致。

人本主义治疗师会争辩说，在治疗结束时，即使不设定围绕时间的严格边界，同样的人际关系动态仍然可以被探索。按照事物的自然规律，结束是无法避免的，也足以令人回味无穷。浪潮来来去去，生活和治疗的过程有其自然的节奏，冬去春来的时间不在我们的掌控之中。结束治疗被视为治疗过程的一个自然组成部分，总会以这样或那样的方式被体验，不同的是，结束在多大程度上是人为的，在多大程度上是流动的一部分？生活变化的无常已经足够残酷（也够可爱）了，不需要我们再人为地强调它们。我们需要做的是提高自己的意识，使自己与潜在的自然过程保持一致，而不是创造一个过于死板的人工框架。这并不意味着治疗师或来访者可以随心所欲地结束疗程，尽管偶尔也可能会出现这种情况。结构对于管理我们的生活是必要的，但人本主义心理学家倡导的是灵活、自然和人性化的界限。结束已经够困难的了，治疗师和来访者可以处理这种限制，而不需要人为地加强这种体验。自然就已经很好了，我们应该臣服于它的智慧和令人敬畏的力量。

同样，心理动力疗法和人本主义心理疗法都认真对待权威的概念和我们与权威的关系，尽管各自采取的方法非常不同。心理动力治疗师更倾向分析一个人与生活中重要权威人物的关系；而人本主义治疗师则对权威采取更加尊重的态度，更倾向将权威置于自然界的超个人元素之中。一种疗法强调移情和分析，另一种则提倡臣服和敬畏。

臣服而非征服

放手的进阶课程是学会臣服。对我来说，"臣服"（surrender，英语中有投降之意）一词最初充满了消极的含义，主要与失败、屈服或被打败有关。带着这样的想法，我自然厌恶向上帝臣服的说法。它常常让人感觉像是主人给奴隶下达命令，缺乏爱、尊重或敬畏。臣服被体验为谦卑和耻辱，被崇拜的上帝就像一个随时会爆发的暴君，需要我们服从。有关臣服的精神语言主要包括权力和征服，臣服好像是被胁迫的。当然，这是一个被严重扭曲的上帝的概念，但却受到很多我的过去经验的影响。当督导和治疗以一种有距离的、等级森严的方式进行时，这种精神体验与督导和治疗有自然的相似之处。

另一方面，对于道家的哲学家来说，弱者、顺从者和无用者在某些方面，比强者、支配者或有用者更可取。庄子以无用的臭椿树、空船和在泥泞中拖着尾巴的乌龟为主题，而老子则颂扬黑暗的美德、水的柔弱力量和海纳百川的谦卑与包容。有些人认为，"道"更能代表女性能量。从这个角度来看，督导的目标并不是以成就和征服为导向去掌握技能，更多的是关于协调、一致和敬畏。这是一种认识，即治疗的艺术太过深奥，难以被掌握，没有大师级的临床治疗师，我们都在学习的道路上。当我们攀登高峰的时候，没有什么是可以征服的，因为是山和双腿一起将我们向上抬起。艾德·维埃斯图尔斯（Ed Viesturs）曾在没有氧气补给的情况下，攀登了世界上全部的14座超过8000米的山峰。他从夏尔巴人那里学到了谦卑和敬畏——夏尔巴人教他在攀登这些宏伟的山峰时轻装上阵，温和地对待大山。人类只能接受山峰给予我们的东西。在治疗中，治疗师也必须有耐心和十足的心理准备，然后来访者才会像山一样，允许我们到达他们的"最高峰"。如果我们真的学会了"相信过程"，就会认识到，过程才是主宰者，有一种比我们自身更强大的力量在起作用。想想这幅画：一个穿着蓝色衣服的女人在棋盘上徘徊，画的上方用大字写着"将军"（CHECKMATE），下方用小字写着这样一个问题："你的存在体验和圣人的存在体验有什么不同？"这个问题的答案由14世纪的波斯神秘诗人哈菲兹（Hafiz）给出，他写了一首名为《被快乐击败》（"Tripping with Joy"）的诗，在诗中，他描述了与上帝下棋的情形。在哈菲兹看来，我们和圣人之间的区别在于，圣人在被上帝的棋将死时会愉快地认输，而我们则仍然认为自己还有1000步棋能走，可以力挽狂澜。

"强治疗"和"弱治疗"

唤醒我们的受督者，去享受臣服于"道"的喜悦，与教导他们练习"弱治疗"有关。我的同事兼好友托德·杜博斯（Todd Dubose）根据吉安尼·瓦蒂莫和皮埃尔·阿尔多·罗瓦蒂（Gianni Vattimo & Pier Aldo Rovatti，2013）的作品，以及约翰·卡普托（John Caputo，2006）作品中的弱思想和弱神学的概念，对"强的思考方式"和"弱的思考方式"进行了如下对比。

弱的思考方式	强的思考方式
问题优先	答案优先
是相对的和灵活的	是固定的和绝对的
不知道/不确定是正常的	不知道/不确定是缺点
释放控制权	为了控制去做预测、定目标
真理是相对的，有许多"真理"	真理是绝对的
异他者是可以被允许的陌生人	异他者是对同一性的威胁

与"强的思考方式"一致，"强治疗"可以修复、治愈、纠正、净化、设计、解决、管理、修改、规定和指导。抑郁可

以通过提高血清素水平或改变不良思维来治愈，愤怒是通过行为的适应性调整来控制的，不恰当的行为被修改成恰当的行为。症状消除，人被精心安排，这是一个确定、已知和结论性的治疗过程。杜博斯提出：

> 对治愈性空间的另一种看法，或"弱治疗"，是无法预测、不可控、未知的、平等的、脆弱的、平易近人的、相对的、特定的、连续的、流动的和不确定的，在这里没有什么东西或人是主宰，每个人切身投入对另一个人而言重要的"事件"。"弱治疗"释放、开放、冒险、波动、探索、合作、揭开、披露和展开。它是一个"也许"和"可能"的治疗过程。从这个角度来看，症状不被视为需要消灭的病原体，而是对意义和渴望的揭示。
>
> 在这里，我们让拳头说话，但既不偏向暴力，也不主张和平。我们提供空间去聆听焦虑在荒野中的呐喊，而不是把它压下去；我们坐着陪伴一个为玩具坏掉而哀伤的孩子，就像尊重一个遭受复杂创伤的成年人。任何行为、思想或感觉都被看作是独特的、情景化的，并且能够从根本上得到验证的。没有健康、幸

福或美好生活的理想形式，只有无法被标准化、无法被分类或归类的生命的多种无与伦比的表达。变化是在不追求变化的情况下发生的，力量是在没有力量的情况下体验的。存在性的目标是切身理解生命的意义，即使这种理解要求我们去理解一个不愿意被理解的人。这是一种毫无根据的实践，基于另一种无条件的、不可见的、非实质性的、不可测量的证据。尽管这些证据无处不在，又与我们密不可分——意愿、爱、希望、信仰、奇迹，简而言之，它们是生活的意义。真实的东西具有很重要的存在性意义，而真理就是——没有真理，只有生活意义的多样性。它是一个包罗万象的好客之地，即使是被排斥的人或事，也可以被接纳和欢迎。它是一种平等主义的开放，即使对坚守等级观念的人来说也是如此。它是一个兼而有之的世界，是对共同存在的分享，也是一种分享的存在。其中的差异是相对的，但也是可以相互体验的。它带来的慰藉没有确定性，没有确定的解决方案，没有永恒的时刻，只有在生活中每一个幸运与危险的可能性共存的时刻，选择保持不变还是做出改变——尽管这两种决定都会被接受、理解和尊重。治疗师并不"治疗"所谓的"病人",只是和另一个同伴一起探索人类的境遇。在这里,深入的理解不是真正治疗的前奏,这份理解本身就有巨大的变革作用。在这里,爱不需要争取,因为它是自由给予的。

弱治疗	强治疗
探索	修理
参与	治疗
理解	纠正
允许	开处方
邀请	指导
在不追求改变时发生改变	改变:减少目标症状
治疗空间:坷拉	治疗空间:临床
平等的、包容的、相对的	阶梯式的测量比较

自然,信仰"道"的人会选择践行"弱治疗"。并且,如果我们要以同样的方式进行督导,我们将创造一个以坷拉为特征的督导空间。在这个以坷拉为特征的空间里,我们会把问题本身而不是寻找答案放在首位。督导是相对的和灵活的,未知和不确定性被视为稀松平常的而不是缺点。督导师通过臣服于过程,放开控制来示范这一切。督导师和受督者将共同探讨受

督者内心的挣扎，而不是改正受督者的缺点，允许探索的过程展开，寻求理解，而不是去纠正问题。坷拉将为错误、不完美、焦虑、痛苦和转变提供空间。最重要的是，"弱治疗"必须由受督者亲身体验。正如它具有活生生的意义一样，督导必须是灵活的，我们所教授的概念必须要活出来。仅仅给出指导是不够的。

空性

如上所述，放手的过程就是清空的过程，这是道家思想中的一个重要主题。为了对我们的来访者保持开放和顺应，我们必须进入一种空的状态，在这种状态下，我们放下先入为主的观念，更多地采用佛教所说的"初学者心态"。这也是悬置的概念，是现象学的基础步骤之一。通过悬置，治疗师努力暂停所有的信念、个人理论和偏见、先前的知识、判断、期望和假设，努力以尽可能多的好奇心、开放性和一种未知的状态来接纳来访者，尽管这不可能完全实现（Spinelli，2005）。

以下这则庄子写的寓言，赞颂了"空"的美德：

故有人者累，见有于人者忧。故尧非有人，非见有于人也。吾愿去君之累，除君之忧，而独与道游于大莫之国。方舟而济于河，有虚船来触舟，虽有惼心之人不怒。有一人在其上，则呼张歙之。一呼而不闻，再呼而不闻，于是三呼邪，则必以恶声随之。向也不怒而今也怒，向也虚而今也实。人能虚己以游世，其孰能害之！

译文：所以说统治他人的人要受劳累，受制于别人的人必定会忧虑。而尧既不役使他人，也不为人所役使。我希望能减除你的劳累，除去你的忧患，而只和大道遨游于至虚之境。两条船相并渡河，有一只空船碰撞过来，即使是心胸狭窄、性子最急的人也不会发怒；倘若有一个人在那条船上，那人人都会大声呼喊喝斥来船赶快让开。喊一次没有回应，喊第二次也没有回应，于是喊第三次，那就必定会骂声不绝。刚才不生气而现在生气，是因为刚才船是空的而现在却有人在船上。一个人倘若能像空船一样虚己于世上，谁还能伤害他呢！

克里斯托弗·奈特（Christopher Knight）被称为最后的真正隐士，因为他在美国缅因州的森林中独自生活了27年，其间没有与其他人进行过交流。当被问及为何他可以独居如此之久时，他引用了墨西哥诗人、诺贝尔文学奖获得者奥克塔维奥·帕斯（Octavio Paz）的话"孤独是人类境遇中最深刻的事实"，以及奥地利诗人莱内·马利亚·里尔克（Rainer Maria Rilke）的话"最终，正是在最深刻和最重要的事情上，我们有着无法言说的孤独"（Finkel，2017）。也许奈特只是在寻求自由和孤独，这种自由和孤独来自清空自己，使自己成为一只空船。奈特发现：

> "孤独增强了我的感知力。但有意思的是：当我把增强的感知力用于自己时，我就失去了自己的身份。没有观众，没有要为之表演的人。没有定义自己的必要，我变得无关紧要。"

奈特说，他自己和森林之间的分界线似乎消失了。他的孤独感觉就像一种融合。"我的欲望消失了，我并不渴望任何东西。我甚至没有名字。说得浪漫一点，我是完全自由的。"

……

"我成为一个透明的眼球，"拉尔夫·沃尔多·爱默生（Ralph Waldo Emerson）在《论自然》中写道，"我什么都不是，一切都只是我看到的。"

……

默顿写道:"真正的孤独者不是在寻找自己,而是放下自己。"(Finkel,2017)

空性也是悉达多的目标。"悉达多眼前只有一个目的,也是唯一的目的:摆脱一切,摆脱渴望,摆脱追求,摆脱梦想,摆脱欢乐和痛苦。听任自己死亡,心里不再有自我,在摆脱了一切的心里找到宁静,在消失了自我的思想里听任奇迹出现,这便是悉达多的目的。"(Hesse,2012)

罗洛·梅在他的《自由与命运》(*Freedom and Destiny*)一书中写到了停顿的重要性,同时也强调了静止和空性的价值。他指的停顿,位于刺激和反应之间。"爱因斯坦说过,'事件之间的间隔比事件本身更有意义'。停顿的意义在于,固化的因果链被打破了。"(May,1981)停顿的能力、意志、选择,是存在的本质。这就是人类与更简单的生命形式的区别。正如维克多·弗兰克尔(1985)强调的,决定人的不是境遇,而是选择,而这些选择发生在停顿期间,是在两者之间"空"的空间里做出的。正如《道德经》中赞美镜像、静止和空的句子:

《道德经》第三章

是以圣人之治，虚其心，实其腹，弱其志，强其骨，常使民无知无欲。使夫知者不敢为也。为无为，则无不治。

译文：所以高明的治理，是净化民众的心灵，喂饱民众的肚子，削弱民众的野心，强健民众的筋骨。人们会变得没有心机、没有欲望。而那些自以为机智的人也不敢生事。只要遵循无为的原则，就没有治理不好的地方。

《道德经》第四章

道冲，而用之或不盈。渊兮，似万物之宗。挫其锐，解其纷，和其光，同其尘。湛兮，似或存，吾不知其谁之子，象帝之先。

译文：道是不可见的虚体，但其作用却无穷无尽。深远啊，就像天地万物的本源。棱角被钝化，却能揭开纷扰，与日月齐光，和俗尘混为一体。它幽深难测啊，却又时刻存在于万物四周。我不知道它是怎么来

的，似乎比天帝的存在还要更早。

《道德经》第十一章

三十辐共一毂，当其无，有车之用。埏埴以为器，当其无，有器之用。凿户牖以为室，当其无，有室之用。故有之以为利，无之以为用。

译文：三十根辐条集中成为一个车轮，那车的空间，成就了车的用途；塑形陶土做成器皿，陶器的中空之处，成就了器皿的作用；建造居室需开凿门窗、凿窑洞，居室的空间，才成就了房屋居住的用途。所以，真正的"有"用，是被"无"成就的。

《道德经》第十五章

古之善为士者，微妙玄通，深不可识。夫唯不可识，故强为之容；豫兮，若冬涉川；犹兮，若畏四邻；俨兮，其若客；涣兮，若冰之将释；敦兮，其若朴；旷兮，其若谷；混兮，其若浊。孰能浊以止，静之徐清？孰能安以久，动之徐生？保此道者不欲盈。夫唯不盈，故能蔽而新成。

译文：古时候在修道方面有造诣的人，微妙通达，高深而不可测。正因为深不可测，所以只能勉强地去描述：他们小心谨慎，如同冬天赤脚涉水过河；他们警觉戒备，如同时刻提防邻国来犯；他们彬彬有礼，就像出外拜访的客人；他们自如流动，仿若正在消融的冰；他们淳朴敦厚，仿佛未被雕琢过的朴木；他们旷远豁达，就像空阔的山谷；他们浑厚宽容，就像不清的浊水。谁能使浊水平静下来，慢慢澄清？谁能赋予沉寂以活力，让它渐渐绽放生机？保持这个"道"的人不会自满。正因为他从不自满，所以能够去故更新。

《道德经》第二十二章

曲则全，枉则直；洼则盈，敝则新；少则得，多则惑。是以圣人抱一为天下式。不自见，故明；不自是，故彰；不自伐，故有功；不自矜，故长。夫唯不争，故天下莫能与之争。古之所谓"曲则全"者，岂虚言哉！诚全而归之。

译文：弯曲的树木往往能得到保全，所有偏颇会自然回正；低陷的坑洼能充盈更多的水，陈旧之中蕴含着革新的力量；少取便可多得，贪多便会被烦琐纷扰。

所以古圣先贤都固守道的原则，为天下人的楷模。不固执己见，即可心明眼亮；不自以为是，反可绽放光芒；不自夸炫耀，反能得有功劳；不骄傲自满，便能领导众人。

拥有处事不争的态度，天下便无人能与之抗衡。古人所谓的"委曲方可保全"，怎么会是空话呢？它是实实在在能够达到的。

《道德经》第四十八章

为学日益，为道日损。损之又损，以至于无为。无为而无不为。

译文：对经验知识的学习，能够使知识一天一天地增长；对"道"的体认，情欲和知识一天比一天减少。减少再减少，就达到了无为的境地。如果能够做到无为，就没有什么做不到的了。

清空自己的概念是许多精神传统的重要实践。约翰逊和克尔茨（Johanson & Kurtz，1991）在《〈道德经〉与心理治疗》（*Grace Unfolding: Psychotherapy in the Spirit of Tao Te Ching*）一书中提到，德国神学家、哲学家和神秘主义者迈斯特·艾克哈特（Meister Eckhardt）教导我们通过减法而不是加法的过程找到上帝。他们还提到了一个古老的犹太神话，其中说，在开始的时候，上帝就是一切，所以上帝创造的唯一方式就是撤退、消失，以允许生命出现的空间。同样，阿伦·瓦兹写道：

> 印度哲学专注于否定，专注于把心灵从真理的概念中解放出来。它没有提出任何想法，也没有任何描述来填补大脑的空白，因为想法会远离真相——如同窗玻璃上的太阳图片会挡住真正的阳光。希伯来人不允许在木头或石头上有上帝的形象，印度人也不允许有思想的形象——除非是明显的神话，不会被人们误认为是现实。（Watts，1957）

在西方，我们习惯于知识的积累，这是督导和学习过程中的常见观念。然而，道家圣贤以及其他精神传统中的众多先贤，都提醒我们清空和放手的重要性。这与临床培训和存在主义治疗师的发展有着重要的相似之处。

空性的重要意义在于，它强调了为受督者的成长让路的重要性，督导师需要教导受督者清空自己的道路，也清空来访者成长的道路。关键是要教会他们空的意义和如何为来访者的成长创造坷拉。这也包括清空督导师自己，放下站在掌控和主导位置的欲望，仅仅做改变的帮助者。这就是无为的含义。矛盾的是，当我们可以不做什么的时候，当我们减少自己主观执念的时候，就无所不能了。

清空的过程是什么？我们如何放空自己？在这方面，庄子提出了以下三个关于虚无、空性和斋戒心的比喻：

> 黄帝游乎赤水之北，登乎昆仑之丘而南望。还归，遗其玄珠。使知索之而不得，使离朱索之而不得，使喫诟索之而不得也。乃使象罔，象罔得之。黄帝曰："异哉，象罔乃可以得之乎？"

译文：黄帝在赤水河以北游玩时，登上了昆仑山的高处眺望南方。然而在返回时，丢失了他的玄珠。派才智超群的知去寻找未能找到，派善于明察的离朱去寻找也未能找到，派善于闻声辩言的喫诟去寻找也以失败告终。于是让无智、无视、无闻的象罔去寻找,却找到了玄珠。黄帝说:"奇怪啊!怎么象罔才能找到?"

梓庆销木为鐻,鐻成,见者惊犹鬼神。鲁侯见而问焉,曰:"子何术以为焉?"对曰:"臣,工人,何术之有!虽然,有一焉。臣将为鐻,未尝敢以耗气也。必齐以静心。齐三日,而不敢怀庆赏爵禄;齐五日,不敢怀非誉巧拙;齐七日,辄然忘吾有四枝形体也。当是时也,无公朝,其巧专而外骨消;然后入山林,观天性,形躯至矣,然后成见鐻,然后加手焉;不然则已。则以天合天,器之所以疑神者,其是与!"

译文:鲁国有一位名叫庆的木匠,他雕刻木头做鐻。做好之后人人见到赞叹不已,认为是鬼斧神工。鲁国君王听闻,就去询问:"你是怎么做到的?莫非用了法术?"

"我只是个普通的工匠,"梓庆回答说,"怎么可能会法术呢?我只有一个原则。在准备做鐻的时候,我便不敢再消耗元气,所以必须斋戒,以平心静气。斋戒三日后，关于庆吊、奖赏、晋爵、俸禄之类的妄想就平息了；斋戒五日后，就不会再执着于赞美与批判，我的技艺是高超还是拙劣之类的想法；斋戒七日后，便忘了自己的肉身存在。在那个时候，我就忽略了自己是在为朝廷做事。我只专心于自己的技艺，无视所有外部干扰。然后我就进入山林之中，专心寻找所需的树木，观察树木的天性质地。找到形状最为合适的树木，然后想象用这个木材做出的成品是什么样的。只有在成品的画面清晰浮现于脑海后，我才会着手按照画面去做。有一点不对就不做了。可能因为我是顺应天意去做的，所以人们都称它为鬼斧神工。"

仲尼曰："若一志！无听之以耳而听之以心，无听之以心而听之以气。听止于耳，心止于符。气也者，虚而待物者也。唯道集虚，虚者，心斋也。"

译文：孔子说："摒除杂念，心思专一。不要用耳朵去听，要用心去感受。不要用心灵去感受，要用原始空性的呼吸去体悟。耳朵只能听音，头脑能分析判断。然而，原始的呼吸却是一个空的空间，等待着万事万物。'道'只会聚于空明虚静的心境，这就是心斋的妙义。"

关于放手，我告诉我的受督者，当新手治疗师和来访者初次访谈时，两个人其实都在焦虑——并且我确信，治疗师的焦虑会比来访者大得多。因此，只要能够度过第一次咨询，并设法充分处理自己的焦虑，便可以说第一次访谈是成功的。在考虑处理来访者的焦虑之前，先与自己的焦虑建立联结。如果可能的话，放下治愈来访者的愿望，但愿你的来访者会来第二次。当然，悲哀的事实是，他们往往不会回来，这就是临床培训的残酷真相。

陪伴和存在的孤独

我的第一个来访者在初次访谈后就没有回来，这对我来说是很难接受的。她是一个身材高大的黑人女性，至于她来咨询的议题，我已经不记得了。我是一个内向的亚裔男性，可以想象我们的文化差异有多大。我没能成功地建立起两个世界的沟通桥梁，更不用说带着同理心进入她的世界了。我的内心世界在那次治疗中的短暂体验，是纯粹的混乱。我拼命想找到解决她问题的办法以减轻我的焦虑，修复那个年轻的我的自我形象。难怪我的来访者选择不再回来——要是我，我也不回来。我记得那次治疗后，我在校园里走了一个小时，对临床培训项目的负责人感到失望和愤怒。我心想，他们怎么能把我一个人丢在治疗室里？为什么没有人帮助、支持我？为什么我的第一个来访者竟然是和我完全不同的人？为什么倒霉的是我？我的愤怒和灰心让我甚至想到退出这个项目。不过最终，我决定不退出，因为这一年的高额学费已经付了，我不想成为一个放弃者。我的自尊和骄傲承受了巨大的打击，然而讽刺的是，正是那份自尊心使我没有放弃。

那时，我没有什么办法来滋养那受伤的、脆弱的自我。我不记得从我的第一个督导那里得到了多少帮助或滋养，那是很久以前的事了，我只记得这是一个伤疤，而现在我意识到，这是一个必要的伤疤，是一个经验丰富的心理治疗师和富有同理心的督导必不可少的组成部分。尽管我现在意识到，熬过第一次治疗的伤，是成为一名合格的心理治疗师的痛苦道路的一部分，但在帮助和指导我的受督者度过他们自己混乱和充满焦虑的第一次治疗时，这个伤疤的痛苦偶尔还会回来。现在，每当来访者脱落导致我质疑自己的能力时，这种痛苦也会重新浮现。我意识到，我经历的痛苦是我现在耐心和同理心的根源。也许我"注定"要经历那种被拒绝的痛,那成为我现在能够共情受督者的资源。至少,这是我现在赋予伤疤的意义——使它成为我存在中美好的一部分。正如奥地利诗人莱内·马利亚·里尔克写的:

> 不要以为正在安慰你的人,生活在他所说的那些安慰到你的话语中,简单而宁静,没有烦恼。他的生活可能也有很多悲伤和苦难,甚至远远超过了你。如果不是这样,他永远想不到这些安慰人心的话语。

罗洛·梅(1981)也教会了我:"过去是无法被改变的——只能承认并从中学习。这是作为一个人的命中注定。它可以被新的经验吸收和稀释,但不可能被改变或抹去……如果我们能接受不可改变的曾经,命运就会和我们一同前进,而不是与我们为敌。通过这种方式,我们与宇宙合一,而不是相互对抗。"

维克多·弗兰克尔(1985)说过,在面对痛苦时,"为什么是我"的问题几乎没有什么作用。相反,他教导说:

> 我们真正需要的,是改变对生活的态度。我们必须观察了解自己。并且,要教导那些绝望的人:我们

> 对生活的期望并不重要，重要的是生活对我们有什么期望。我们要停止追问生命的意义，而要把自己当作每天和每小时都在被生命追问的人。我们的答案不应在谈话和冥想中，而是在正确的行动和行为中。生命最终意味着承担责任，为自己的问题找到正确的答案，完成它不断为每个人设定的任务。

来访者有时会被牺牲掉——这是临床培训中不为人知的真相，而且并不限于心理治疗领域。《急诊室的故事》（1994—2009）是我最喜欢的美剧之一，其中有一个特别的场景和一句话一直伴随着我。这部电视剧中有一个情节是：一位新手医生因为忽略了某个导致病人死亡的身体症状而痛苦和自我惩罚，就在这个时候，急诊室里那位性格执拗的主治医生告诉他："在杀死第一个病人之前，你不会成为一个好医生！"这是多么残酷却真实的一句话，也许还具有安慰作用。事实上，我很庆幸在有医生见习的一次手术中，自己被麻醉迷晕了，因为我实在不想知道外科主任和接受培训的外科医生之间的对话。然而在某些方面，他们比我们这些心理学家更有优势。至少，有人在他们身边监督他们的工作。心理治疗师与来访者的第一次会面，是对存在性孤独的深刻体验——没有人在身边看着，没有人在耳边低语，没有人可以告诉我这次咨询要如何进行。我们必须独自走这条路。心理治疗本来就是一项孤独的工作。如果来访者知道，治疗师也在承受和他们一样的孤独，如果他们能了解治疗师内在隐秘的感受，来访者和治疗师就会看到，陪伴是双向的。在深度联结的地带，是两个孤独的灵魂触碰在一起，在彼此孤独的生命旅程中相互陪伴。

孤独和焦虑

伴随着孤独的还有焦虑。不仅是新手心理治疗师必须管理自己的焦虑。从存在的角度来看，焦虑也是作为自由的人类不可避免的一部分。只要你还活着，就免不了经历焦虑。只是，随着我们作为个人和临床治疗师的进步与发展，我们能够更好地管理这些焦虑。焦虑永远不可能消失。如果要发生显著的治愈或成长，治疗师必须进入来访者生活中黑暗、隐蔽的地方，进入存在本身的空虚。如果要为来访者提供治疗，就必须承受和应对这种焦虑——无助的、迷失的甚至绝望的焦虑。

关于应对焦虑，庄子有以下寓言：

人有畏影恶迹而去之走者，举足愈数而迹愈多，走愈疾而影不离身，自以为尚迟，疾走不休，绝力而死。不知处阴以休影，处静以息迹，愚亦甚矣！

译文：从前有个人，他害怕自己的身影，讨厌自己的足迹，所以试图通过逃跑来摆脱它们。然而，他抬脚的次数越多，那足迹就越多，跑得越快，就越摆脱不了自己的影子。他觉得自己还是跑得太慢了，就越发努力地不停快跑，最终筋疲力尽而亡。他不明白，如果待在阴影里，影子会自然消失；停止奔跑静止不动，就不会再有足迹，他实在是太傻了！

自我关怀

回归主题。让我们回到每个人都曾经历的新手阶段，当然，你们中的一些人正在经历这个阶段。不言而喻的残酷现实是，在受训成长的过程中，经常会有来访者被牺牲，这是不可避免的。我相信，许多人都会回顾并设想如何更好地帮助曾经的来访者，我也知道，我们所有人都曾为那些脱落的来访者感到难受。因此，我在大大小小的讲坛上不断强调的重点之一就是：

如果我们要在这个领域中生存和成长，就要学会自我关怀。不仅在心理治疗领域是这样，在万众瞩目的残酷的美国职业篮球联赛（NBA）的赛场上也是如此。菲尔·杰克逊写道，尽管在NBA以男子气概为主导的更衣室里，"关怀"并不是一个经常被提起的词，但教导自我关怀是他作为教练的重要工作之一。他引用佛教修女佩玛·丘卓（Pema Chodron）的一段话，这段话是关于冥想练习如何模糊自我与他人之间的传统界限的。"你为自己所做的一切——任何善意的、温柔的、对自己诚实和清晰的态度与行为——都会影响你对世界的体验。"她写道，"你对待自己的方式，正是你对待别人的方式；你对别人做了什么，也是你会为自己做的。"（Jackson et al，2013）人们不会自发地将自我关怀与赢得篮球比赛的冠军联系起来。然而，菲尔·杰克逊明白，击垮一位参赛者容易，重新建立信心却很难，伤害总是比治愈更容易。杰克逊有11个冠军戒指，他收获了众多球员的信赖。将自我关怀与战士心态融合在一起的矛盾智慧中，有一些是我们可以学习的。

因此，学习如何对来访者保持慈悲和同理心的最好方法，是先在自己身上实践。然而令我惊讶的是，我的受督者对他们的来访者充满慈悲，却对自己的工作进行残酷批评。我也不例外，所以至少作为督导，我经常提醒我的学生，我们需要对自己仁慈一点。韧性是取得一切成就的关键,然而韧性不仅是这种咬紧牙关的坚韧和耐力,也是建立在慈悲与共情基础上的柔和的臣服。所以我告诉受督者,我完全能预料到他们会在受训过程中经历来访者的脱落,对于少数过于谨慎和对自己挑剔的人,我甚至对他们失去来访者的情况给予特别的允许。矛盾的是,当我的学生学会放手时,当我放下一些期望时,却有更多的来访者留下了。为什么呢?原因很多,也很复杂。回顾本章之前讨论的《道德经》第三十八章,也许当我们能够什么都不做(无为),就无所不能了。我想,其中一部分原因与他们的存在有关,与他们对自己和对来访者的方式有关。他们已经放下了期望,学会了与自己的焦虑待在一起。所以在这个过程中,他们更能够调整自己并与来访者的焦虑待在一起;他们不再逃避自己的阴暗面;他们学到了一些关于慈悲的力量;他们学会了相信;他们学会了自我关怀,因此对来访者更有同理心和慈悲心;他们学会了理解罗杰斯说的悖论——"接纳是改变的开始"。

完美

就像前面谈到的受督者,大家都倾向为来访者的成长过度负责,尤其是当治疗师感觉自己做得不够好的时候。这种对责任的过度承担是对完美的追求,从另一个角度来说,则是对失败的恐惧。艾米丽·韩(Emily Han)是我在马来西亚的一次研讨会上认识的一名研究生。她也在学习"道"的方法,自然而然地对存在主义心理学产生了浓厚的兴趣。艾米丽告诉我,完美并不是指向上地、垂直地追求成为最好的人;相反,从"道"的角度来看,完美是实现一个平衡,更多的是沿着水平方向考虑。这与现象学中的平均概念相似。我同意艾米丽的观点,这种形式的平衡是一种更具包容性的美,而且更难实现。美涉及对称,而对称是关于平衡的。它并不排斥或优待某个特定的部分。努力成为最好是一种极端,对极端的追求会使人失去平衡,导致跌落或失败。一想到平衡,我的脑海中便会浮现出前文谈到过的捕蝉者,他身体灵活,在棍子的末端保持着托盘的平衡。同样,还有长得歪歪扭扭的臭椿树的象征意义。它离完美还很远,不是吗?

如果说完美是为了实现平衡,那么平衡包含了成功和失败。记得在我读研期间,一位督导师说,有经验的临床治疗师可能会对三分之一的来访者有帮助,对另外三分之一只有一点帮助,而对剩下的三分之一则一点帮助都没有。记得当时我就想,这比例也太低了吧,不可能是真的。哪个医疗行业会接受这样的比例?肯定是夸大其词了!我们可以通过以下问题,对这一数据的细节进行讨论：最后那三分之一的咨询工作真的要被看作"失败案例"吗？我想，这是一个角度的问题，或者说，这些比例是否过于简单，有失公允？当然，随着治疗师经验的积累，这一比例会改变，成功率会增加。然而不可否认的是，失败与成功是密不可分的，正如下文分享的几段《道德经》描述的那样。如果没有经历过失败，我们就无法真正珍惜和享受成功。事实上，失败为成功埋下了种子，因为生活是关于完善而不是完美的。随着我们越来越了解自己的缺点，最理想的结果就是犯错误的频率逐渐减少。完美无缺是一个危险的幻觉，倘若没有失败作为平衡和限制，我们的自我又会变成怎样一副天理难容的样子？还有什么比在培训之初开始学习失败、自我关怀和自我接纳更好的时机呢？因此，督导师在这方面发挥着关键作用。正是督导师对受督者的共情和无条件积极关注，才教他们学会了自我关怀和自我接纳，从而将这种经验传递给他们的来访者。而且说实话，学习自我关怀和自我接纳是一门持续的课程。没能帮到来访者，是治疗进行中自然平衡的一部分。我们越是能够接受失败并认识到这种平衡，就越接近实现完美。用《道德经》的话说就是：

《道德经》第十三章

宠辱若惊，贵大患若身。何谓宠辱若惊？宠为下。得之若惊，失之若惊，是谓宠辱若惊。

译文：受宠和受辱都感到惊恐害怕，将它看重得如同祸患缠身。什么叫"宠辱"都感到惊恐？"受宠"代表地位卑下，地位卑下的人突然得到或失去宠信，都会感到诚惶诚恐，这就叫"宠辱若惊"。

《道德经》第四十四章
名与身孰亲？身与货孰多？得与亡孰病？

译文：名声与生命相比，哪个更重要？财富与生命相比，哪个更值得？失败与成功相比，哪个更有害？

完美书店

最后，玛格丽特和她完美书店的愿景，是对道家完美概念的一个很好的诠释。玛格丽特是一个"书虫"，长期以来的梦想就是开一家书店，与他人分享她对书籍的热情。她是一名治疗师，一位有远见的人，一名在存在主义心理学方面很有灵性的中国学生。玛格丽特非常不按常理出牌，她以娱乐的心态来处理书店的财务问题。她很现实地看待经营一家书店所需的财务投资，告诉我，她已经为书店的运营预留了一定的资金。她不确定这笔钱能维持多久，但只要这笔钱还在，她就会继续运营书店。这让我想起那些去赌场的人，他们知道自己很可能会输，然而他们也明白，那些预留的资金可以看作"娱乐费用"，所以对他们来说，这不是一笔失败的投资，而是一种对体验的投资。玛格丽特也持有同样的观点，她明白自己是在投资一种体验，尽管不知道这种体验会持续多久。她努力经营书店，因为知道钱用完后她将转向另一种生活体验。

像玲一样，玛格丽特也是不走寻常路的人（或者对于那些敢于追求开咖啡馆、小咖啡店或书店梦想的人来说，也不是那么不寻常）。她对这家书店的部分期望是创造一个空间或地点，让人们可以思考并重新触碰他们的灵魂。她希望这个地方是个既有吸引力又安全，充满信任和滋养的地方——坷拉。我在她的书店举办了几场以存在主义心理学为主题的小型研讨会，以此参与并支持了这个梦想。我感受到了这个空间的亲密和温暖。

所以，当某天早上我接到玛格丽特的电话，得知她钱包里的现金少了大约半个月的收入时,我感到很难过。盗窃发生在她书店里的一次非正式的午餐聚会上。她很清楚是谁偷了她的钱,因为偷钱的人一定很熟悉她存放现金的地方。小偷是一个玛格丽特非常熟悉且十分信赖的朋友,玛格丽特还曾在这位朋友需要的时候借钱给她。进一步了解后,玛格丽特说这样的失窃已经不是第一次发生了,只是她之前不愿意面对被好友背叛的可能性。她觉得,这种背叛不可能发生在"天堂"(她的完美书店),也许之前几次的钱只是被"借"走了。但这一次,她不得不承认钱确实被偷了。"天堂"变得有污点、不再完美了,并且其他朋友也与她分享,类似的失窃时有发生。

玛格丽特吐露了她的心声,与我分享了她的失去带来的痛苦和意义。我完全能够理解被背叛的痛苦和失去纯真的感觉。玛格丽特努力工作,创造了一小片"天堂",但黑暗却悄悄地进入她的光明之地。比经济损失更痛苦的是纯真和梦想的丧失,她再也不能在"天堂"里自由自在,对安全问题无忧无虑。她现在必须在自己的"家"里保持警惕。她害怕被迫成长和面对这样的现实。

然而,当玛格丽特分享她的故事并从中找出意义时,我们的存在主义心理学课程开始对她产生影响。她想到了现实,重新认识了自己的不完美,对悖论进行了更深入的思考。我与她分享了我如何从我的同事杰森·迪亚斯那里学习平衡而不是解决矛盾的方法。杰森曾告诉我："矛盾不需要解决。解决矛盾的方法是扩容,扩展到足以容纳问题包含的各种意义,不再坚持同一时间只有一件事是正确的。"（Yang, 2017）

罗洛·梅于1969年在《爱与意志》（*Love and Will*）一书中写道：

> 解决问题的唯一途径,就是不去解决问题,而是通过更深更广的意识维度来改变它们。需要接纳问题的完整意义,其中包括二律背反（两个矛盾的陈述,而两者显然是通过正确的推理得到的）以及它们的矛盾之处。必须建立起一个容纳这些的空间,由此,将产生一个新的意识水平。这是解决问题的捷径,也是我们全部要做的。例如,在心理治疗中,我们并不寻求一个答案或干脆利落地解决某个问题——这会使来访者的境遇更糟。但我们试着帮助来访者接纳、包容、拥抱和整合问题。卡尔·荣格曾深刻地指出,生活中的重要问题永远不会被解决,如果它们看起来已经被解决了,那么一定是以失去更重要的东西为代价的。

（May, 1969）

罗洛·梅（1994）也在其他地方谈论过同样的主题："洞见出现的主要原因并非因为它们是'理性的真实'，也并非它们有所助益。而是因为它们有某种形式，这种形式之所以是美丽的，是因为它完成了一个不完整的整合。"

最后，玛格丽特对我说，是时候让她直面邪恶的现实，直面她之前逃避的痛苦了。玛格丽特正在学习黑暗和光明是如何共存的，以及完美之中如何包含着不完美。玛格丽特分享道，她很高兴她的完美书店现在已经成熟到可以容纳不完美的事物。我告诉玛格丽特，她经历的事情同时提升了我们两个人。通过这件事，我也扩容了，可以更多地容纳我体内的不完美。我期待着下一次拜访完美书店。

"破旧酒吧"

在讲完完美书店的故事之后，我也该介绍一下范宁斯和位于完美书店附近的"破旧酒吧"。某次我去完美书店开一个主题为"生与死相互依存"的研讨会，玛格丽特向我介绍了范宁斯（音译）。在实地参观这家酒吧时，我发现它并不破旧，而是相当独特。其功能包括冰激凌摊位、宠物临终关怀所、慈善寺庙、"世俗忏悔室"、爵士乐表演中心（无数次即兴演奏的场所）和拥抱工厂。范宁斯——这位年轻的老板，亲切地称她的酒吧是破旧的，而事实上，它是古朴的，充满了古典苏州的韵味。酒吧的真正名字是以英国哲学家约翰·洛克（John Locke）命名的螺壳酒吧。洛克是古典自由主义之父，而范宁斯本人就是这样一种解放精神的化身，这种精神与庄子在《逍遥游》中描写的流浪精神是一样的。

  范宁斯大学时读的是心理学专业，毕业后，她在一家咨询中心工作了一段时间，但最终决定离开，开一家酒吧。因为她觉得，创造一个快乐而不是痛苦的地方，可以更好地实现自我并服务他人，虽然很快范宁斯就意识到，幸福与伤痛、苦与乐是相互交织的。范宁斯这样总结她的学习经历："一个又一个的故事，每个人都是一样的。"通过聆听无数的故事，她发现了一个众所周知的"秘密"：酒吧是世俗的忏悔所。我向她分享了欧文·亚隆的文章，其中讲述了法国作家安德烈·马尔罗（André Malraux）的智慧。安德烈曾询问一位聆听了五十年忏悔的教区牧师，他是如何看待人类的。牧师回答说："首先，人们比他人想象的要不快乐得多……然后，根本的事实是，没有所谓的成年人。"（Yalom，1980）范宁斯表示完全同意，并补充说："是啊，所有这类地方都只是经过了乔装打扮，其实是都为了帮人减轻、缓解痛苦。"

酒吧背后的部分意义，是范宁斯希望为人们创造一个聚集和表达自己的空间。这一点是通过酒吧里定期组织的即兴演奏会来实现的。其他的创意表达机会包括诗朗诵和音乐活动，比如"天方夜谭"。作为对她好客和慷慨的回报，顾客们赠送书籍和乐器，使她的酒吧进一步扩大，成为他们的另一个家。范宁斯自豪地分享说，酒吧的外语图书馆和音乐舞台是自发形成的，她没有做任何投资。事实上，她的许多顾客是外国人，他们渴望有一个"人人都认识你的地方"。《孤独星球》旅游指南系列的作者证实了这一点，他们将螺壳酒吧列为苏州的推荐景点之一。

当然，追求和实现范宁斯这样的梦想并非没有代价。所有创业的人都知道，现金流是一个持续的困扰，特别是当你的合伙人之一卷走你所有的现金储备时！但正如在完美书店的研讨会上谈论的那样，"只有当夜晚足够黑暗时，我们才能看到星星"，正是在脆弱和无助的时候，我们发现了保罗·科赫洛（Paulo Coehlo，2006）的名言中蕴含的真理："在追寻梦想的时候，没有一颗心是痛苦的。""当你想要一个东西的时候，整个宇宙都在帮助你实现它。"发现自己没有钱支付住所和酒吧的租金，范宁斯通过"朋友圈"寻求帮助，得到了令人难以想象的支持。她最初的请求是获得一个星期的住宿。一位朋友——也是酒吧的顾客回应说，愿意为她提供6个月的住宿，两人分享一间公寓。并且在此之后，范宁斯发现每天清晨她下班回到家中，冰箱里始终有充足的食物。其他顾客为酒吧的月租金提供了无息借款。通过在酒吧举行多场免费的小型音乐会，范宁斯在8个月内偿还了这笔欠款。酒吧生意爆棚，因为人们非常愿意报答她最初的善良和好客。

在经历了这样的巨大变故后，难怪范宁斯会说，"破旧酒吧"偶尔也发挥着寺庙的作用。之后和范宁斯聊天到深夜时，我很惊讶，她竟然把冰激凌摊位留在店门口无人看管。"你不担心小偷吗，范宁斯？你疯了吗？"她不为所动，认为这是个好问题，因为她觉得自己从传统社会的角度来看的确是个"怪人"。范宁斯分享说，偷窃行为并不常见，当它发生时，一定是因为那个小偷有需要。天哪！我听得目瞪口呆。接着，范宁斯讲述了日本有一间寺庙定期将钱、食物和衣服放在未上锁的盒子里，供有需要的人使用，她的酒吧也希望如此。这是我第一次听说酒吧也可以发挥寺庙的作用，确实很奇怪。

不奇怪的是，该酒吧还具有宠物临终关怀的功能。人们会把奄奄一息的宠物留在酒吧门口，因为他们知道酒吧的主人会为这些宠物提供痛苦（必要的）但有益的陪伴，陪伴度过它们短暂生命的最后一程。范宁斯是为何以及如何做到这一点的？

我猜想，尽管范宁斯没有说出佛教修女佩玛·丘卓的这段话，但她心里是知道的。

> 只有当一次又一次地把自己暴露在毁灭中，我们才能找到自己身上无法被摧毁的部分。事情的分崩离析是一种考验，也是一种治愈。我们认为重点是通过考验或克服问题，但事实是，事情并没有真正得到解决。它们又聚又散，就像这样。疗愈来自让所有这一切发生的空间：哀悼的空间、释放的空间、痛苦的空间、快乐的空间。（Chodron，1997）

范宁斯不得不为那些宠物猫实施安乐死。她分享道，每次她为这些猫的死亡而哭泣的时候，痛苦都是一样强烈的，没有丝毫减少。"但是，"她说，"我也发现，我越发有能力继续前进，并从这种丧失中恢复过来。"就像她在"破旧酒吧"内部创造的物理空间一样，范宁斯在自己内心创造了容纳悲伤、解脱、痛苦和快乐的内在空间。

听到范宁斯关于她的宠物临终关怀的故事后，我与她分享了以下两个故事。一个是安娜·迪佛·史密斯（Anna Deavere Smith）的戏剧《让我轻松下来》（*Let Me Down Easy*）。这部戏剧描述的人物之一是一位照顾非洲艾滋病儿童的杰出女性。她的庇护所几乎没有得到任何援助,孩子们每天都在死亡。当她被问及做了什么来减轻垂死儿童的恐惧时,她回答:"我从来不让他们在黑暗中孤独地死去。我对他们说:'在我心里,你将永远和我在一起。'"(Yalom,2008)

另一个是美国医生、印第安纳大学医学院毕业生肯特·布兰特利(Kent Brantly)在2015年5月的大学毕业典礼上发表的如下演讲:

> 在治疗埃博拉病毒患者的前七周,只有一名患者活了下来——一名幸存者,将近20人死亡。失去这么多病人当然很令我难过,但这并没有让我觉得自己是一名失败的医生,因为我深知,作为一名医生,除了治病还有很多事情要做。事实上,治病甚至不是最重要的事情,最重要的是深入病人的痛苦感受之中。在有史以来最严重的埃博拉病毒疫情中,我们在人们生命中最绝望、最艰难的时刻给予他们理解和关怀。靠着杜邦特卫强防护服和两副手套作为防护,我们能够在病人死亡时握住他们的手,在这种没有尊严的时刻为他们留一份体面,以尊重的态度对待濒死和已故的

病患。在我看来，这使得那几周——也是我职业生涯中非常艰难的那段时光——充满了意义。

我知道，对于范宁斯来说，为即将死去的宠物提供陪伴，也是"破旧酒吧"充满意义的一个重要部分。

最后，范宁斯分享了她开设"破旧酒吧"得到的最珍贵的回报。在工作坊活动中，许多学生分享了他们是多么渴望从父母那里得到身体上的亲近，以及对于他们来说，找父母要一些像拥抱一样简单的东西又是多么困难。这种亲情的缺失无处不在。在那个房间里，范宁斯同样能够感同身受那种缺失拥抱的痛苦。然而范宁斯露出了大大的微笑，她分享说，她也很想向母亲要一个拥抱，因为她的母亲非常不习惯给予拥抱。事实上，就像一位工作坊成员分享的，当她第一次主动与母亲拥抱时，母亲大声地问她是不是情绪错乱了。范宁斯继续分享说，她的母亲最初非常不支持她开酒吧。初次参观酒吧时，母亲问她的第一句话就是："你什么时候才能完成你的爱好，然后去找一份真正的工作！"然而在之后的两个星期里，母亲切身感受到了范宁斯在酒吧里的好客、慷慨、艰难、痛苦，以及情感联结和身体亲近。于是母亲用一个拥抱祝福了她，就离开了。这只是这里理所当然的一部分，是"破旧酒吧"里的自然现象。范宁斯分享说，她母亲那个自发的拥抱就足以证明"破旧酒吧"的存在意义。谁又能够反驳呢？

范宁斯对"破旧酒吧"的描述，让人联想到庄子关于臭椿树的寓言。范宁斯对破旧的、被抛弃、脆弱、奇怪和罕见事物的喜爱，会让信仰"道"的人倍感欣慰。这些东西就像庄子寓言中描述的无用之树。范宁斯明白，臭椿树的美丽和生存奥秘就在于它的无用。别人丢在她家门口的濒死的宠物也像臭椿树一样，是残缺、变形、丑陋的。可悲的是，在主人眼中，它们已经没用了。我见过她救的一只叫米娜的狗，我可以证明，用臭椿树来比喻这只宠物，不仅仅是象征性的，因为米娜呼吸的味道和体味恐怕只有范宁斯会喜欢。这就可以理解，为什么米娜会"无人理睬"了。然而，范宁斯对米娜投入了大量的爱。当它不得不被安乐死时，范宁斯哭得死去活来。就像上文的布兰特利博士一样，范宁斯愿意进入米娜的痛苦和无数其他宠物的痛苦。与庄子寓言的精神一致，这家酒吧就像无用的臭椿树一样，在荒原中存活下来，庇护过往的生命。

准备

然而，我的学生，尤其是负责任的学生，会问我，如果他们没有提前做好充分的准备，又如何为来访者提供服务？对这样的问题，我的回答是一个悖论——可能你已经发现了，我们存在主义者对悖论很有感觉。我告诉我的学生，一个好消息和一个坏消息。首先是坏消息："你永远不可能为咨询做充分的准备。"这并不是建议他们不做准备或不阅读资料以了解来访者。事实上，他们绝不能放弃准备，因为知识的学习和经验的积累是成为更好的治疗师的重要部分。然而矛盾的是，"也别忘了在进入咨询室时，将你提前阅读的内容、你的技术和计划留在门外。"因为坐在面前的来访者和想象中的来访者是两个人，这两个人要如何协调？你要去见哪个来访者，关注哪个来访者？所以我告诉受督者，他们永远不可能真正为咨询做好"准备"，因为你不知道来访者会给你带来什么。也因此，来访的当下比准备工作更重要。这是个坏消息。

然后是好消息！

好消息是，你的整个人生都是在为这次咨询做准备——每每说到此处，我的受督者都会回应我一个有趣的表情。然后我问他们："在与来访者见面时，你能用上多少课堂或书本上学到的知识？"如果他们是诚实的，就会承认，在实际工作中，他们和来访者说的很少来自课堂和书本。然后问他们："你与来访者分享的内容有多少来自你自己的生活经历？包括你最近读的小说,上周看的电影,那首常哼的歌,你付出血的教训换来的痛苦或欢乐的体验?"说到这里,他们就明白我的意思了。当我告诉受督者永远不要放弃自己的兴趣爱好时,他们非常开心。在美国读研是一个漫长的磨炼,很多人为了追求学位而放弃了他们的爱好、娱乐,甚至是一些重要关系。课堂上教授"全面地活出来",却不允许受督者全面地活出来;心理学主张保持平衡,以人为本,却以牺牲学生的心灵为代价来填充他们的大脑。学习心理学有个非常讽刺又悲剧的风险,就是一个人很容易失去人性。治疗师把来访者当成案例,认为自己是在面对一个病例而不是一个人;提起他们的时候,治疗师会说诊断的名称而不是来访者的名字;来访者被当作可以操纵和"治疗"的对象,而不是需要爱和关注的人。所以我要再一次强调,这关于放手和顺其自然,关于本体论,要遵循"道"的方式。大自然并不着急,它会搞定一切。这种存在方式是很难直接教授和学习的,然而它可以被培育和滋养。事实上,我们用了一生的学习成为今天的治疗师,而我们还会用余生去成为自己想成为的治疗师。

治疗师的勇气

正如前面讨论的，好的治疗师的标志之一是可以待在焦虑里。焦虑是"华丽版"的恐惧。除了勇气，还有什么能克服恐惧呢？我的同事弗朗西斯·卡克劳斯卡斯（Francis Kaklauskas）与我分享了他的督导师曾对他说过的话：使我们有资格成为治疗师的，不是我们的证书，而是我们的勇气——我们与来访者一起进入绝望的黑暗之地，进入无助、无望和空虚之地的勇气。庄子这样描述这种勇气：

> 夫水行不避蛟龙者，渔父之勇也；陆行不避兕虎者，猎夫之勇也；白刃交于前，视死若生者，烈士之勇也；知穷之有命，知通之有时，临大难而不惧者，圣人之勇也。

译文：在水中活动不躲避蛟龙，这是渔夫的勇气；在陆地上活动而不躲避犀牛和老虎，这是猎人的勇气；刀剑横在面前，视死如归，这是壮烈之士的勇

气；明白困窘潦倒乃是命运的安排，知道顺利通达乃是时机使然，面临大难而不惧怕，这是圣人的勇气。

  列御寇为伯昏无人射，引之盈贯，措杯水其肘上，发之，适矢复沓，方矢复寓。当是时，犹象人也。伯昏无人曰："是射之射，非不射之射也。尝与汝登高山，履危石，临百仞之渊，若能射乎？"

  于是无人遂登高山，履危石，临百仞之渊，背逡巡，足二分垂在外，揖御寇而进之。御寇伏地，汗流至踵。伯昏无人曰："夫至人者，上窥青天，下潜黄泉，挥斥八极，神气不变。今汝怵然有恂目之志，尔于中也殆矣夫！"

  译文：列御寇为伯昏无人表演射箭，把弓弦拉满，放一杯水在肘臂上，箭发射出去，第一支箭刚射出去，第二支箭就已经扣在弦上了；第二支箭刚射出去，第三支箭又扣在弦上了。在这个时候，他就像一个木偶一般纹丝不动。伯昏无人说："这只是运用技巧的有心于射，并不是无心之射的射法。如若登上高山，站立于高耸的岩石，对着百仞深渊，你能射吗？"

于是伯昏无人就登上高山，脚踏高耸的岩石，身临百仞深渊，背对着深渊往后退步，直到脚有三分之二悬空在石外，在那里揖请列御寇退至相同位置表演射箭。列御寇吓得趴在地上，全身上下都被汗浸湿了。伯昏无人说："得道之人，上能探测青天，下可测察黄泉，位于任何地带都能挥洒自如，神色不变。而你已然被吓得眼花缭乱，要射中就难了！"

仲尼闻之曰："古之真人，知者不得说，美人不得滥，盗人不得劫，伏戏、黄帝不得友。死生亦大矣，而无变乎己，况爵禄乎！若然者，其神经乎大山而无介，入乎渊泉而不濡，处卑细而不惫，充满天地，既以与人，己愈有。"

译文：孔子听后说："古时候的圣贤，不会被智者游说，不会被美女诱惑，不会屈服于强盗的威压，亦不会被伏羲和黄帝这样的帝王笼络亲近。生死可算得上是大事了，却无法影响其心绪，何况是官爵俸禄呢！像这样的人，他的灵魂可翻越大山而不受阻，潜于深渊而不沾湿，处于贫贱而不会感到困苦，天地万

物已将他填满,越是贡献和给予,越觉得自己富足。"

归根结底,最重要的是有勇气活在当下,直面恐惧。一位临终关怀社会工作者讲述了他帮助哀伤家庭的体验:

> 或许我能提供的最重要的东西,就是无论他们的想法和感受多么强烈地翻涌,我都愿意毫不退缩地陪着他们。我就在一旁看着。我可以相信,无论表面上看起来多么绝望的事情,对于内心来说,每一秒都充满意义和可能性。我的思绪飘向多年前与一位临床督导师的对话,他说:"我们所做的工作,有百分之九十都是勇敢直面正在发生的事情,而不去试图改变它。"(Janssen)

为什么要进入黑暗的旅程,为什么如此悲观地关注焦虑和痛苦?为什么治疗师要和来访者一同进入深渊?"因为如果想要寻找最佳出路,就需要对糟糕的境遇进行全面审视。"尼采说,"想要收获智慧,你必须学会聆听心灵地下室中的犬吠。"公元前2世纪的罗马剧作家特伦斯(Terence)有一则箴言,对治疗师的内心工作异常重要:"我是人,我认为人类的任何东西对我而言都不陌生。"无论来访者的经历有多残酷、多陌生，治疗师都能在自己身上找到共鸣吗？《道德经》最著名的是第一章，这一章的最后一句也是在提醒我们：你是否愿意进入自己的黑暗之中？

> 此两者，同出而异名，同谓之玄，玄之又玄，众妙之门。

译文：无与有这两者，虽然名称相异，却来自于同一源头。这个源头就是玄（未知的黑暗），玄之中还有玄，这是通往理解万物的大门。

最近在中国的一位朋友让我深切体会到了这一点。我一直觉得自己是个好人，做个好人是我的长期追求，是我努力保持的自我形象。但她就这一观念质疑了我：如果我不愿看到并承认自己有邪恶的部分，我如何能称自己为存在主义心理学家？不仅是痛苦和绝望，还有我内在的邪恶——我极度不愿意看到自己的这一部分，更不想向别人呈现它。我厌恶它！然而，如果认真对待特伦斯的话，那么我就必须认真对待自己心底的恶。这是我正在进行的工作，这项工作需要我对自己有更多的慈悲。目前，我正在学习对自己有耐心的慈悲："对自己温和点，马克。温和点。"

丁香花

最后，分享一个我有幸参与的督导案例。这个案例是由一位名叫布鲁斯的非常了不起的人提供。布鲁斯如今也是一位督导师，在中国香港和内地教授存在-人本主义心理学。布鲁斯与我分享了他在中国南方一家医院的姑息病房里，与一位病人的美丽邂逅。这位病人是一位胃癌晚期的老先生。他无法进行手术，因为他的癌症已经扩散到了肠道、肺部以及其他器官。为了阻止癌细胞的转移，他进行了8次化疗，然而每次化疗后，疼痛都会加剧，使他的情绪一直处于低落状态。当布鲁斯进入这个有6张床位的病房时，看到的是一位非常憔悴、瘦弱、腹部隆起的男士。他看起来比实际年龄要大，备受煎熬。房间里挤满了其他病人和家属。有些病人开着收音机，房间里一点也不宁静。

这位病人很难接受自己已经处于癌症晚期的事实。医生告诉他，他只有6~12个月的生命了，然而他拒绝相信医生的话，而是乐观地认为，既然生活中他是个能够排除万难的军人，那么如今也可以战胜癌症。布鲁斯很明智地选择不去挑战病人根深蒂固的希望和信念。

　　布鲁斯与这位病人分享了另一位癌症患者的故事。故事里的患者有一个未完成的心愿，就是见证孙子第一天上学。病人立即对这个故事产生了共鸣，并与布鲁斯分享他的儿子最近结婚，明年想要个孩子，他的愿望是能活着看到孙子出生。这位坚强的退伍军人在描述抱孙子、给他喂食、和他一起玩耍的画面时泪流满面。就在这样的遐想中，他突然用沙哑的语气透露了第二个更私密的临终愿望。

　　他讲述道，他在家庭和传统的压力下娶了有婚约的妻子，这段婚姻漫长而稳定，但没有爱情。他说妻子尽职尽责，但他并不爱她。相反，他的心始终属于已经死于癌症的初恋情人。初恋是他的真爱，他们也曾一起对抗家庭和社会的安排，如果不是她过早去世，他们很可能已经结婚。初恋去世后，他常常去她的坟前，带着一束她最喜欢的丁香花。不幸的是，最近这位老兵因病不能行动，就停止了去坟墓前的探望。所以他临终前的秘密心愿是再去一次爱人的墓前，带上她最喜欢的花，给她唱属于他们的情歌《丁香花》。

　　然而现实的情况是，这位病人行动不便，根本无法离开医院完成这个最后的愿望。因此在分享这个案例时，我经常问我的受督者："如果你是布鲁斯，在这个时候你会怎么做？这里适当的'干预'是什么？如果你知道或不知道这首经典情歌，你会做什么？"

这个时候，大多数学生都谈到为病人做一些事情。他们的想法有写信或录制病人演唱歌曲的录像带，以及带到他初恋情人的墓前。还有人提出疑问，如果病人不能去扫墓，为什么不把坟墓带到病人身边？不可否认，我的学生有帮助的意愿，每个人都想到了解决方案，以及他们可以"做"什么来帮助病人。

然而，布鲁斯并不是普通的学生和实习生。听到这首歌的名字后，深刻而有力的画面充斥着布鲁斯的意识：带着苦乐参半的回忆，老兵手持花束，独自一人去坟墓前探望；喜悦、苦涩和愤怒的泪水；很久以前被遗忘的承诺——布鲁斯很熟悉这首歌。基于内心深处的认同和当下的灵感，布鲁斯询问这位病人，是否愿意让自己为他（或和他）一起唱这首歌来加深双方的联结。病人点了点头。别忘了，这发生在一个拥挤的公共病房里，有其他病人和家属在场，还有几个收音机在响。

哪怕在这种环境中，布鲁斯还是以无伴奏方式唱起了这首歌。在他唱第一句之后，病人闭上双眼，开始哭泣，接着跟随旋律与布鲁斯一起唱了起来。歌唱将布鲁斯和这位病人带往另一个世界。慢慢地，房间里变得安静了。收音机被关闭以表示敬意，其他病人开始聚集在这位病人的床边。房间里的陌生人汇聚在一起，自然而然地形成了一个临时支持团体，将这位濒死的病人围在中间。一个自发的、临时的宇宙被创造出来，其他病人将他们的美好祝福和治愈能量集中在他身上，尽管他只是个普通人。时间和痛苦都被暂停，每个人都进入了"永恒的当下"[保罗·蒂利希（Paul Tillich）一本书的标题]。这位病人无法前往墓前完成最后的心愿，然而通过这首歌，布鲁斯将他和病房里的人带入了一个深层联结的地带。他把病人带回他的爱人身边，做最后的告别。房间里的其他人很快就成了这场戏剧的参与者，他们也暂时和永远地被送到了宁静和充满联结的圣地。一剂强大的存在主义镇痛剂被施用了，在一首关于短暂、分离、无常和死亡的歌声响起时，时间仿佛静止了。

这就是转变和治愈的时刻。布鲁斯有着远超他年龄的智慧，他深知，正确的做法是在空虚、静止和沉默中停留。用布鲁斯自己的话说："我知道这个美丽而难忘的静默时刻属于病人和他的爱人。"那间病房里的其他人也知道这一点，他们静静地站在老兵的病床周围。在持续了几分钟的静默之后，病人轻轻地对布鲁斯表达了他的感激之情。

我向你们提供这个案例，是为了说明行动和存在的区别。布鲁斯完成的这场美丽和了不起的治愈，并不在于他做了什么——这一切远远超出了唱歌的范畴。否则的话，我们可以发明另一个疗法的流派,称为"合唱疗法"。但这样做会失去精髓,这不是关于技术或歌曲的"干预"。把布鲁斯所做的事情变成另一种技术,并将其割裂开来归类为另一个系统和程序,是非常愚蠢的。正如以下这则庄子的寓言警醒我们的:

> 南海之帝为儵,北海之帝为忽,中央之帝为浑沌。儵与忽时相与遇于浑沌之地,浑沌待之甚善。儵与忽谋报浑沌之德,曰:"人皆有七窍以视听食息,此独无有,尝试凿之。"日凿一窍,七日而浑沌死。

> 译文:南海的帝王名为儵,北海的帝王名为忽,中央的帝王名为浑沌,儵和忽时常在浑沌的地盘相聚,浑沌待他们很好。儵和忽便商量如何回报浑沌的善意,说:"人人都有七窍,用来看、听、食、呼、吸,唯独浑沌没有。我们可以试着给他凿出来,算作对他的报答。"于是他们在浑沌身上每天凿出一窍,到了第七天,浑沌就死了。

所以,我会在培训时问我的学生:"你愿意向来访者提供和分享多少关于你自己的部分?又会分享哪些部分呢?"是给予他们专家意见、技术、解决方案或精彩的诠释，还是向他们提供你的存在？在布鲁斯的案例中，治愈的因素不是这首歌，它只是布鲁斯与病人进行深度联结的工具。在这里，一个生命和另一个生命在灵魂层面相遇，并吸引了宇宙的其他部分。在这样的时刻，表面看来似乎什么都没有改变。然而，也正是在这样的时刻，我们知道一切都在改变。好的治疗正是由这种短暂而又永恒的时刻组成的。如果我们要把来访者带入这样的治疗时刻，就需要我们培养自己的存在，臣服并把自己交给"道"——一个比我们自己大得多的智慧来源。

布鲁斯不可能有意为那个转变的时刻做准备，谁也不可能在进入病房之前准备一首歌。他能做的就是保持放空、悬置、好奇、开放和顺应，相信他一生都在为此做准备。事实上，这首歌源于他自己在丧失和分离方面的生活经历。作为督导师，我如何能让布鲁斯为这种时刻做好准备呢？对像布鲁斯这样有才华的人，我不断提醒自己不要挡住他的路，放开我教学和督导的欲望。对我来说，重要的是放空自己，练习无为，相信只要学会无为，学会在"道"中忘我，生命、存在和"道"就会传递并呈现给布鲁斯。在我们为期一年的督导工作中，我做的仅仅是见证布鲁斯的创造力，并偶尔提醒他不要过度热心，以此来稳定他的内核。布鲁斯的存在如此治愈，是因为他很信任自己。他愿意袒露灵魂，在如此混乱嘈杂的环境中与最初沉默寡言的病人分享这首歌，这证明了他作为一名治疗师的勇气。就像庄子寓言中年迈的游泳者一样，布鲁斯是在遵循与生俱来的东西，他在医疗系统的激流中游刃有余。对我来说，除了不干涉的无为，其他任何做法都是不明智的。

现在，你是否愿意发挥想象，加入布鲁斯与我分享的场景，在病房里聆听他们的合唱？为了增加你的代入感，以下是布鲁斯为那位垂死的病人唱的《丁香花》的歌词。相信这些歌词会帮助你理解老兵去到初恋坟墓前的渴望，以及布鲁斯如何将他送往那个宇宙。

你说你最爱丁香花

因为你的名字就是它

多么忧郁的花

多愁善感的人啊

当花儿枯萎的时候

当画面定格的时候

多么娇嫩的花

却躲不过风吹雨打

飘啊摇啊的一生

多少美丽编织的梦啊

　　就这样匆匆你走了

　　　留给我一生牵挂

　　那坟前开满鲜花

是你多么渴望的美啊

　　你看那满山遍野

　　你还觉得孤单吗

　　你听那有人在唱

那首你最爱的歌谣啊

　　尘世间多少繁芜

　　从此不必再牵挂

　　院子里栽满丁香花

开满紫色美丽的鲜花

　　我在这里陪着她

　　一生一世守护她

第四章

特蕾西的故事：混乱中的稳定

第四章 特蕾西的故事：混乱中的稳定

　　特蕾西和布鲁斯一样，是我督导的另一位具备天赋和同理心的学生。她主动选择在姑息治疗中心进行临床培训，这是很少见的，大多数学生会选择远离这种令人难过的地方，他们的想法就像《活出生命的意义》中的那个仆人一样：富有的波斯庄园主在他的花园里散步，一个仆人冲到他面前，哭着说自己刚刚遇到了死神，并且受到了死神的威胁。他乞求主人发发慈悲，把最快的马借给他，这样他就可以尽快逃跑。主人满足了仆人的心愿，将最快的马借给他。仆人马不停蹄地逃到了德黑兰。当天晚些时候，主人也见到了死神，并询问死神为何威胁他的仆人？死神回答："我没有威胁他。我只是有些惊讶他怎么在这里，我可是计划着今晚在德黑兰与他见面。"

　　特蕾西是富有智慧和勇敢的，也许她知道我们所有人都在前往德黑兰的路上，逃避死亡的必然性，会使我们在夜晚来临之前更接近德黑兰。在实习期间，特蕾西努力工作，赢得了一个家庭的信任——这家中的父亲即将去世。这份信任来源于她带着尊重和接纳的倾听。特蕾西与她祖父的关系很好,也很喜欢听祖父讲故事,她很自然并欣然扮演了一个忠实的女儿或孙女的角色,在姑息治疗中心的候诊室里,坐在老年患者的身边。她放低姿态,并意识到她提供的大部分东西,是通过虚心接受而不是自认为博学的高高在上得来的。这也使得她被信任。换句话说,特蕾西不得不再次清空自己做一个容器。她深知,在生命的最后阶段,许多老人渴望意义,需要自己的故事被倾听,因为他们在反思并试图寻找自己生命的意义。发展心理学家爱利克·埃里克森（Erik Erikson）提出的理论里,人在生命最后阶段的发展任务是整合与绝望,这正是特蕾西在那一刻直觉感受到的。她做的不仅是倾听,她还在帮助病人通过面对生命的最后阶段,实现整合。特蕾西的智慧和同理心,印证了老子在《道德经》第十五章中描述的谦逊与接纳：

> 古之善为士者,微妙玄通,深不可识。夫唯不可识,故强为之容;豫兮,若冬涉川;犹兮,若畏四邻;俨兮,其若客;涣兮,若冰之将释;敦兮,其若朴;旷兮,其若谷;混兮,其若浊。孰能浊以止,静之徐清？孰能安以久,动之徐生？保此道者不欲盈。夫唯不盈,

故能敝而新成。

谦逊和灵活性

正如特蕾西的谦卑与接纳，我也带着谦卑的姿态折服于特蕾西的智慧，并从她那里学到了许多宝贵的经验。作为姑息治疗培训基地的督导师，我学到了重要的一点——灵活是必要的。在我接受的临床培训中，我一直被灌输保密性的严格、治疗室的神圣、时间管理的严苛，以及已知和控制的能力——这些都是心理治疗的核心，并且十分合理。然而，特蕾西让我了解到适应和灵活的重要性，因为她的工作是在拥挤的候诊室完成的，那里几乎没有隐私可言。从那以后，除了向受督者讲授心理治疗的核心，我还会提醒他们不要过于死板，正如《道德经》第七十六章所言："人之生也柔弱，其死也坚强；草木之生也柔脆，其死也枯槁。故曰坚强者死之徒，柔弱者生之徒（生命开始之初，我们是柔软的。生命结束之时，身体变得僵硬；草和树活着的时候是柔软、有韧性的，死亡后则变得僵直枯槁。因此，柔软和灵活与生为伴，而僵硬和不变则与死相伴）。"

灵活性也需要与谦虚配合。私密的、舒适的咨询室当然更适合谈话，但如果特蕾西坚持要在咨询室中与病人交谈，那她最终可能什么都做不成。因为病人及其家属来到姑息治疗中心是为了看医生，而非心理治疗师。他们向医疗机构寻求安慰和病痛的缓解，至于心理上的痛苦，尤其是在医院候诊室这样的开放环境中，并没有多少人愿意敞开心扉接受安慰。事实上，很多人都会主动远离心理医生，以避免与其交谈的羞耻感。所以，特蕾西需要照顾到那些常常被否认、被隐藏的心理需要。她要在病人所在的地方主动出击，于是候诊室便成了提供心理镇痛剂的场所。然而候诊室并不安全或私密，不论谈话内容还是眼泪都会被其他等候的病人见证。此外，谈话随时可能被打断，因为不确定什么时候会轮到病人就诊。事实上，"心理会谈"的时间往往很短，不可能达到一小时。最后一点，关于谦卑和不可控，任何后续治疗往往都取决于病人预约的下一次看病时间。特蕾西非常乐意为病人安排后续的咨询，但大多数病人来一次医院非常不易，每次预约都需要家人请假陪伴和帮助；而且心理上的安慰并不是病人们的首要考虑，尽管特蕾西给予了尽可能的关怀。这样的挑战使特蕾西发展出了谦虚、灵活、空杯心态、耐心和坚持的品质。那个时候的特蕾西和我正在学习庄子关于"无用"的教导，这也是我们在上一章讨论的。

那么，在这样一个不私密的环境中，病人和家属如何能够敞开心扉？然而，他们的确敞开了心扉。说实话，大多数病人在等候就诊时，只选择与特蕾西简短地寒暄，然而也有些家庭选择打开自己，接受特蕾西的关怀。有几个家庭在候诊室的短暂接触中深入分享了他们的痛苦和焦虑，本章的故事便围绕这样一个家庭展开。这是一个三口之家，包括父亲、母亲和十几岁的儿子。特蕾西在一年的培训期即将结束时遇到了这个家庭，她原本不确定自己是否能够陪伴这个家庭到父亲去世，而在我接到特蕾西电话的那一天，那位父亲进入了弥留之际。

信念与信任

我在地铁上接到了特蕾西的电话，她即将赶去陪伴父亲临终病床前的母子，询问我最后有什么建议。这家人非常信任她，邀请她参与这样郑重的时刻。虽然很期待——因为特蕾西和我都知道，这是一个人的生命和临床工作中最永恒、最意义非凡的时刻——但同时我们也感到不知所措。如果你是督导师，你会对特蕾西说什么？你会给予她怎样的建议？突然接到这个家庭的邀请电话，我和特蕾西同样感到惊奇和意外。

我知道自己需要慢下来，于是我先告诉特蕾西，等我下了地铁找个安静的地方给她回电话。这也为我争取到了一些时间，想一些有帮助的东西传递给前往医院的特蕾西。那一刻，浮现在我脑海中的是一本书中关于死亡和临终的内容。那本书说，听觉和触觉是最后消失的感官——即使病人失去了意识，或许也能够听到和感觉到周围人说的、做的。在我的无助中，这是我目前能提供的最好的帮助。同时，我还向她重复了督导中一贯沿用的主题：我鼓励她再一次敞开自己，向来访者学习——这是一次非常难得的学习机会。特蕾西对我表示了感谢，然后进入医院。

我做得怎么样？你认为特蕾西需要什么？如果我还有第二次机会，你觉得我需要给她什么样的"督导"建议？

当我有了更多的时间思考，并且能做个"事后诸葛亮"的时候，我意识到了特蕾西和来访者需要什么。这就是平行过程的概念，督导师与受督者之间发生的事情，往往与来访者和治疗师之间发生的事情相似。经过回顾，我意识到特蕾西向我寻求的不仅仅是建议，因为在这么短的电话中，我还能挤出什么"建议"和"要做的事"来给她？特蕾西需要的是我——学生经常需要从督导师那里得到的，孩子需要从父母那里得到的——信心和保证。特蕾西需要的是我的存在和陪伴，她需要感觉到我和她在一起，我信任她，相信她能胜任这项工作。日后，我在一个研讨会上分享特蕾西的故事时，一位医生也谈到了类似的经历。她分享了某次她在当众演讲之前的焦虑。在焦虑之中,她给导师打了电话,却被转到了语音信箱。然而,听到导师提前录制的、听起来很专业的声音时,她立即感到平静和联结,并在接下来成功地进行了演讲。某种意义上,特蕾西只是需要听到我的声音,知道我相信她,并在那里做她的后盾。她需要知道,她并不孤单。所以如果重来一次,我会告诉她,在她与那家人迄今为止的旅程中,她一直勇敢地支持着他们,一直全心全意地工作,那位母亲的邀请正源于她给予的帮助。"去吧,特蕾西,做你该做的。我对你有信心!"这些话的依据,是一位因意外事故而四肢瘫痪的作家丹尼尔·戈特利布(Daniel Gottlieb,2010)写的一段话。

> 来访者需要相信他们自己身上有韧性去迎接未知的东西,体验它,并存活下来。他们需要学习只有大自然——而不是父母——才能教他的课程。他们对父母的需要是所有孩子要从父母那里得到的东西:他们被相信能够穿越逆境。当一个孩子没有得到父母的信任时,他们就会体验到父母的焦虑。久而久之,孩子就会体验到自己在面对困难时是脆弱的,结果是,孩子永远没有机会"变强"。

> 韧性是教不来的，它要靠信任来培养，它是来访者内心已经拥有的东西。我不知道你的情况，但我获得的所有智慧都来自逆境、疼痛、苦难、丧失和一些非常愚蠢的决定。所有这些事情都给我带来了巨大的痛苦。我已经知道，我每一次都能从痛苦中恢复。随着时间的推移，这种知道已经变成了信心。现在我有信心，在面对逆境时，无论如何我都会好起来。它可能不是我所希望的结果，但我有信心，我将会接纳当下的一切。

于是特蕾西到达了医院，走进阴沉又安静的病房，病房里只有那位母亲号啕大哭的声音，她不知道如何应对即将死亡的丈夫，这种痛苦超出了她的承受范围。她的亲戚们尝试给她一些支持，但最终也感到非常无助，放弃了对她的安慰。可以想象，特蕾西在面对怎样的情形！在失控的母亲和一群无助的亲戚中，她像一个局外人。后来特蕾西告诉我，像那些亲戚一样，她也感受到了绝望和无助。

然而，特蕾西是有韧性的，她在绝望中产生了灵感和创造力。因为我们就像橄榄，只有被压碎时，才会迸发出最大的潜能（出自《塔木德》，一本希伯来语智慧书）。特蕾西放空自己并使自己平静下来，向内看，贯穿自己的生活经历和当下的处境。她践行了庄子描述的"心斋"，也就是本书第三章关于空性的内容提到的。特蕾西望向虚空深处，让自己安住于空性之中；她在坐着的时候避免晃动，因为我们在无助中被焦虑淹没的时候，常常会坐立难安。回到庄子的话：

> 绝迹易，无行地难。为人使易以伪，为天使难以伪。闻以有翼飞者矣，未闻以无翼飞者也；闻以有知知者矣，未闻以无知知者也。瞻彼阕者，虚室生白，吉祥止止。夫且不止，是之谓坐驰，夫徇耳目内通而外于心知，鬼神将来舍，而况人乎？是万物之化也……

译文：一个人不走路容易，走了路不在地上留下痕迹就很难。受人的七情六欲驱使就很容易虚假，听从自然的驱遣便很难作假。我只听说过凭借翅膀飞翔的生物，不曾听说没有翅膀也能飞翔的；我只听说过人们用意识了解事物，不曾听说过没有意识也可以了解事物。如把眼前万物都看作空虚，空明的心境会发出纯净的光，吉祥就会集于虚明之心。若心境不能空明虚静，这就叫形坐神驰。倘若让你的感观向内通达而又排除心智在外，那么鬼神都会前来冥附，更何况是人呢？这样万物都可以被感化……

聆听未闻之声

沉浸在无为之中，特蕾西不留痕迹地行走，不用翅膀地飞行，并开始意识到以前未曾意识到的东西。她学会像下面这个故事中的王子一样，听到未闻之声：国王把小王子送到一位中国大师那里，学习如何成为好的统治者。大师首先让小王子独自在森林中生活了一年，之后大师让王子描述他听到的东西。王子说，布谷鸟在歌唱，树叶在沙沙作响，蜂鸟在哼鸣，蟋蟀在叽叽叫，小草随风摇摆，蜜蜂在嗡嗡嗡，还有风在低语。大师表示赞许，并让王子回到森林里去听更多的声音。王子照做，但对大师的吩咐表示困惑。几天几夜之后，他开始听到了未闻之声。王子回来后，向大师报告说，他听到了花儿开放的声音，草儿喝着晨露的声音，以及阳光照耀下大地变暖的声音。大师点了点头。

"聆听未闻之声，"大师说，"是成为一名好统治者的必备素养。因为只有当统治者学会了认真倾听人民的心声，听到他们未曾言说的情感、未曾表达的痛苦和抱怨，他才有希望激发人民的信心，知道哪里出了问题，并满足人民的真正需要。"（Jackson et al，2013）

也可以说，特蕾西观察了当时的情形，并放空了自己去聆听，这正是下面这位小女孩渴望被倾听的方式：

> 一个小女孩带着自己在课堂上画的画回到家，她手舞足蹈地走进厨房，对正在准备晚餐的母亲说："妈妈，你猜怎么着？"她高声叫着，挥舞着画。
> 母亲头也没抬，"怎么了？"她说着，一直照看着锅。
> "你猜怎么着？"女孩重复着，挥舞着画。
> "怎么了？"母亲说着，手伸向盘子。
> "妈妈，你没在听我说话。"
> "宝贝，我听着呢。"
> "妈妈，"孩子说，"你没有用你的眼睛听。"

（Albom，2009）

在一片嘈杂声中,特蕾西静下心来,问了自己一个简单的问题:"我也是一个妻子。如果我是这位妻子,我需要什么?"此后不久,答案就从空性的深处和特蕾西的生活经验中出现了。特蕾西记得,他们夫妇已经很久没有身体上的亲近了。她把自己的经验带入当下的情境中,意识到,作为妻子,最珍惜的便是被拥抱的体验。于是她鼓起勇气,冒着像个傻瓜的风险——毕竟作为一个局外人,她是房间里最没资格提供建议的——问这位母亲,是否愿意躺在丈夫身边。特蕾西的举动在混乱中呈现出惊人的稳定性,这份镇定,正如庄子在以下寓言中的描述:

颜渊问仲尼曰:"吾尝济乎觞深之渊,津人操舟若神。吾问焉,曰:'操舟可学邪?'曰:'可。善游者数能。若乃夫没人,则未尝见舟而便操之也。'吾问焉而不吾告,敢问何谓也?"

仲尼曰:"善游者数能,忘水也。若乃夫没人之未尝见舟而便操之也,彼视渊若陵,视舟之覆犹其车却也。覆却万方陈乎前而不得入其舍,恶往而不暇!以瓦注者巧,以钩注者惮,以黄金注者殙。其巧一也,而有所矜,则重外也。凡外重者内拙。"

译文：颜回问孔子："我曾渡过名为殇深的深渊，摆渡之人驾船的技巧神乎其神。于是我就问他：'驾船的技艺可以学吗？'他说：'可以，擅长游泳的人很快就能学会。会潜水的人，就算没见过船，也马上就能驾驭船只。'我继续追问，他却不肯再答了，老师，您说这是何意？"

孔子回答说："擅长游泳的人很快就能学会，是因为他忘掉了水能危害人的性命。而潜水高手纵使没见过船也能轻松驾驭，是因为在他眼里深渊和土坡没什么两样，船翻了于他而言就像车子退坡一样。既然翻船这样的事故对他而言都不是大事，他都能泰然自若，驾船又怎会不从容！用瓦片作为赌注的人，因为没有心理负担往往能够碰巧得胜；用衣钩（纯银打造）作为赌注的人，会有些担心害怕；用黄金作为赌注的人，一定会神思昏乱。人的技术水平是一致的，因为有所顾忌，才会关注外在事物。人一旦分神关注外在，内在就会变笨。"

除了在混乱中表现出惊人的稳定，特蕾西还借鉴了她自己作为母亲的生活经验。她能够共情这位母亲，因为她也深深地投入生活中，活出了自己的存在，就像"伯牙绝弦"中的成连先生一样。虽然我可以向特蕾西介绍存在主义心理学的知识，但正是生活本身给了特蕾西智慧，使她能够给予这位母亲这样的关怀。

根据各家族流传下来的历史，伯牙最开始跟随成连先生学琴。然而三年之后，伯牙精通技巧却弹不出感情，引不起听者的共鸣。成连告诉伯牙，虽然他可以教伯牙如何弹琴，但他无法指导他如何去感受。而他的老师方子春则善于启迪情致，曾启发了许多人与自己的情感重新建立联系。所以，二人前往东海，去向方子春老师学习。抵达东海蓬莱山后，成连对伯牙说："你先在此练习，我去寻找老师。"说罢就乘船而去。

伯牙独自练了10天的琴，成连仍旧未归。伯牙开始感到无望和孤独，陪伴他的只有海鸥的悲鸣和无尽的浪涛。就在这时，伯牙顿悟了，他明白成连先生要教给他关于无为、情致和感性的东西。于是，伯牙创作了《水仙操》这首琴曲。有人说："马儿听到伯牙的琴曲都会停止吃草；鸟和野兽都会受到启发。更何况是我们人呢？"

或许这可以被认为是对"移情"最早的理解之一（尽管移情一词的直译是感情的转移，令人想起目前心理学界对移情的理解）。

伯牙之所以产生创作《水仙操》的灵感，是因为他被成连有意留在荒岛上，觉知到海浪的汹涌和海鸥的悲鸣，并为之感动。所以，共情可以或者说需要用与自然的相遇来唤起，从而使人与周围的环境融为一体，达到天地间最高等级的和谐。这也深刻诠释了音乐欣赏始于对人与自然统一性的深刻认识，以及艺术的最高境界是与自然和谐相处、与人类紧密相连的理解。

全情投入：进入状态

特蕾西如何知道何时该进行干预？这是个很难回答的问题。就像水果怎么知道自己已经成熟，该从树上落下？潜水员怎么知道何时该潜入水中？特蕾西全情投入在当下。有趣的事实是，全情投入的存在无法被准确地描述，因为那一刻，你在状态里，因此你不存在描述的能力。当你离开这种状态之后，才会尝试记起并描述那是一种什么样的感觉（Galloway，1997）。

全情投入是一种完全的临在。我们都渴望处在这种状态里，并希望能够控制它的到来。然而身临其中的状态是天赐的礼物，是一种天赋，不是你要求自己就可以做到的，而是在你可以做到无为、不刻意采取行动、放下意识的控制之时，自行运作的。当一个人可以相信无意识的力量时，意识控制的欲望就会安静下来，"道"的方式便会浮出意识的水面：更多享受的感觉，更多天赋的流动。

> 如果你愿意将对功劳的执着放下，不认为自己"知道"如何去做，这份天赐的礼物就会来得更频繁，持续更久的时间。它会按自己的节奏来，当我准备好——谦逊、尊重、不期待，以某种方式将自己置于比它低的位置，而不是高于它——然后，当时机成熟时，它就来了，我可以享受没有自我1的想法时，那份存在的快乐。我非常喜欢它。努力抓住它，它就会像滑手的肥皂一样滑走。把它视为理所当然，你就会分心并失去它。我曾经以为，那种状态下存在的一切都会离开我，都是短暂的。现在我知道，它一直在那里，

离开的是我。观察小孩子的时候，我意识到它一直在那里。随着孩子的成长，有更多的东西分散注意力，它就更难被识别。但是，它——自我2，可能是唯一一直存在的东西，并将在你的整个生命中存在。思维和想法来来去去，但孩子的自我、真正的自我就在那里，只要我们的呼吸还在，它就一直在那里。享受它，欣赏它，它是专注的礼物。[1]（Galloway，1997）

时机就是一切，特蕾西在全情投入时非常有耐心，在房间里完全处于临在状态。正如老子倡导的，她在正确的行动浮出意识的水面之前，保持一动不动。"治疗需要合适的时机。当治疗师为了填补空间，刻意做些事情来产生更多有形的行动时，时机就无法避免地被破坏了。"（Johanson et al，1991）这个过程就像分娩一样，助产士（回想苏格拉底）是一个有经验和意识的人，知道什么时候该行动，什么时候该放松。当事情有机地发展时，下一个正确的动作自然会出现，正确的表演节奏也是如此。很多治疗都是信任的体现。当事情看起来混乱不

---

[1] 这里的"自我1"，可以理解为有意识的控制，而"自我2"则更类似我们无意识的、自发的部分。——译者注

堪时，如果我们相信一切最终会变得清晰起来，就可以保持耐心（Johanson et al，1991）。

平静和漫无目的

特蕾西做干预的灵感来源于她的空性和平静。就像上文故事中的王子一样，特蕾西需要放慢脚步，使自己保持平静，才能听到内在同理心的低语。这是混乱中最具挑战性的练习，只有当我们静下心来，才能达到作为一个治愈性存在所需的平静。现代医学之父之一的威廉·奥斯勒（William Osler）先生，有一句广为流传的名言：客观性是作为医生的基本素养。然而，雷门医生（2006）指出，奥斯勒所说的内涵，实际上要比客观性深刻得多。他说，这句名言最初的引用是拉丁语，奥斯勒使用的拉丁语单词aequanimatas通常被翻译为"客观性"，但其实际含义是"心灵的平静""平和"或者"内心的宁静"。有趣的是，威廉·奥斯勒先生的话被认为是提倡客观性，这意味着距离，而事实上，这句话更多地与心灵的平静和内在的平和有关，这意味着更靠近和更深层次的主观性。

同样，皮克·耶尔（Pico Iyer）——一位周游世界的记者和小说家，发现了一件矛盾的事：他最有意义的经历，是漫无目的旅程。他在《安静的力量：通往止境的冒险》（*The Art of Stillness: Adventures in Going Nowhere*）一书中写道，没有目的地使得任何地方都充满意义。不久之前，移动和获取信息是我们最大的奢侈；而现在，从信息中解放出来获得安静的机会才是奢侈。就如清人张潮所说的："能闲世人之所忙者，方能忙世人之所闲（能够悠闲地看待世人所忙的事情，便可拥有时间去享受赋闲）。"在静之中，动变得有意义。"只有学会停下，才能以更深的方式移动。"（Iyer，2014）矛盾的是，后退是最好的前进。当我们有机会在平静的时刻反思走过的旅程，那些旅程会变得更有洞见、更难忘。最终揭示我们身处何处的，是自身赋予的意义，而非去过的地方。平静和停下不是一种约束，而是为了重新联结自我。耶尔的著作也与庄子的教导相符，让我们在"无处的宫殿"中找到智慧和领悟。也正是在这种空无的地方，"道"得以被找到：

> 对万物来说，道是伟大的。
> 它于一切事物中，变得完善、普遍、完整。
> 这三方面并不相同，
> 但真相是唯一的。

因此，请随我来
到无处的宫殿
在那里所有的事物都是一体的。
在那里我们终于可以
谈论没有限制和没有尽头的东西。

跟我到无为的地方去吧。
我们应该在那里说什么——
道是简单的，宁静的，
无差别的，纯洁的，
和谐的与轻松的？这些名字于我而言无异
因为分别已不复存在。

我的意志在那里是漫无目的的。
如果那是无处之地，我怎么会意识到它？
如果它去而复返，我不知道
它曾在哪里停歇。如果它四处徘徊，
我不知道它将在哪里终结。

在巨大的空虚中，心灵保持着不确定的状态。

在这里，最高的智慧无边无际。
因此，那些赋予事物的
也无法被事物所限定。（Merton，2010）

在《道德经》中，老子同样写下了同样关于"空性"和"无为"的主题：

《道德经》第二章
天下皆知美之为美，斯恶已；皆知善之为善，斯不善已。故有无相生，难易相成，长短相形，高下相倾，音声相和，前后相随。是以圣人处无为之事，行不言之教，万物作焉而不辞，生而不有，为而不恃，功成而弗居。夫唯不居，是以不去。

译文：天下人皆称美之所以为美，是因为有丑的存在；都将善认作为善，是因为有恶的存在。所以有与无、难与易、长与短、高与低、声音与寂静、前与后都对立且共存。因此圣人用无为的方式行事，用不言的方式传授教导；看万物起伏而不干涉控制，施恩而不图报，努力工作不求奖赏，但行好事不问结果。

他不居功自傲，所以他的功业得到永存。

《道德经》第三章

不尚贤，使民不争；不贵难得之货，使民不为盗；不见可欲，使民心不乱。是以圣人之治，虚其心，实其腹，弱其志，强其骨，常使民无知无欲。使夫知者不敢为也。为无为，则无不治。

译文：不推崇有才德的人，百姓便不必互相争夺；不过分看重财物，人民便不会偷盗；不显耀引起贪欲的事物，民心便不被迷惑。所以高明的治理，是净化民众的心灵，喂饱民众的肚子，削弱民众的野心，强健民众的筋骨。人们会变得没有心机、没有欲望。而那些自以为机智的人也不敢生事。只要遵循无为的原则，就没有治理不好的地方。

也许鲁米（Rumi）的诗，是对于寂静的最好描述：

寂静是
上帝的语言，

其他一切

不过是拙劣的转译。

特蕾西在混乱中直觉性的建议，如同诗人于非存在中挣扎着追求存在。伟大的诗歌诞生于寂静。罗洛·梅提到了一段中国诗句："我们诗人于非存在中挣扎，迫使一切屈服于存在。我们敲击着沉默，期盼回应的乐章。"他对这一神秘的诗歌创作过程是这样解释的：

> 诗中所包含的"存在"并非来自诗人，而是来自"非存在"。诗所拥有的"旋律"并不来自作诗的我们，而是来自沉默；是对我们敲击的回应。这些动词很有说服力——"挣扎""敲击"。诗人的劳动是在世界的无意义和沉默中挣扎，直到迫使它有意义；直到他能使沉默回应，非存在变得存在。这种劳动不是通过注解、演示或证明来"认识"世界，而是直接经验世界，就像一个人用品尝的方式来认识苹果。
> （May，1994）

让我们回到特蕾西的故事。特蕾西邀请妻子躺在丈夫身边，使她从哀号中惊醒。她瞪大眼睛看着特蕾西,说:"我可以吗?"特蕾西点头安抚,从而给予"允许",执行着哀伤辅导者的基本任务。这位女士随后停止了哭泣,慢慢走到她昏迷的丈夫身边,在床上依偎着他。过了一会儿,她开始对他说悄悄话。她讲了一个美丽的故事,这也是特蕾西收获的礼物。特蕾西后来告诉我,这是她那晚学到的最美好的一课。妻子告诉丈夫,她很感激他这么多年以来的陪伴。原来,这位女士患有双相情感障碍,20多年来一直在接受药物治疗。她倾诉了自己的心声,告诉丈夫她是多么爱他,感谢他的不离不弃。当然,妻子低声说这些的时候,丈夫正在离她而去,这不免有些讽刺。即便如此,我们仍要记得庄子的提醒:"指穷于为薪,火传也,不知其尽也。"

特蕾西在那天晚上得到的礼物,也是我学到的珍贵一课,生与死相互依存,不分高下。接下来的几段话更有力地涌现于我的脑海:

> 归根结底,是对死亡的概念决定了我们如何回答生命提出的所有问题。
> ——达格·哈马舍尔德(Dag Hammarskjold),
> 诺贝尔和平奖得主,联合国第二任秘书长

> 爱始终不知道自己有多深,直到分离的那一刻。
> (Gibran,2015)

> 与朋友分别时,请不要悲伤。因为当他不在的时候,他身上你最珍爱的东西将变得更为醒目。就像对于登山者而言,站在平地上,山会更清晰。(Gibran,2015)

一份无价的礼物

丈夫当天晚上就去世了,亲人们一直陪伴他到最后,特蕾西也在此列。在与遗体相处一段时间后,家人们结束了守灵,动身离开。特蕾西仍旧在此刻保持贯注,她注意到,整个晚上,这家十几岁的儿子在大部分时间里都一个人静静地坐在角落里。她再次勇敢地负起责任,轻轻地把亲戚迎了出来,并邀请男孩与父亲单独相处一段时间。她拉上了病房里的床帘,为这对父子创造了一个神圣的时空。一段时间后,男孩出来了,他们都回家了。

特蕾西为这对母子完成的事情是无价的,它帮助我更好地理解了《圣经》中的一个著名寓言:一个不知名的女人用十分珍贵的香膏涂抹耶稣，因此被在场的人严厉责备，指责她的浪费。因为原本出售这些香膏可以挣到超过一年的工资，用这些钱救助穷人，对于内心爱护穷人的耶稣是很有意义的。因此，第一遍读这个故事的时候，我以为耶稣会温和地同意他人的责备，同时对这个女人的善意给予仁慈的理解。然而，耶稣的反应使我意外：

"别管她。"耶稣说，"你们为什么要打扰她？她对我做了一件非常美好的事情。穷人永远存在，你们随时可以帮助他们。但我不会永远存在。她尽其所能，把香膏涂在我身上，为安葬我做准备。我告诉你们，在世界上的任何地方传教，都要宣扬她的善举，以作纪念。"

通过亲身体验，通过面对我父亲的死亡，我更深刻地理解了这种无价时刻的意义——这宝贵的、永恒的时刻，特蕾西为妻子和儿子捕捉到了。而这样的时刻多么容易转瞬即逝而错过，最终成为人们终身的遗憾。在这个问题上，我是从个人体验出发来书写的，因为我多么希望在我父亲去世的时候，特蕾西也在那里为我做同样的事情。我父亲是在美国去世的，当时我从中国赶回来想陪他最后一程。然而不幸的是，当我到达时，他已经失去了知觉。他是在一个星期六的晚上离开的，第二天早上，我被叫去看他的遗体并最后一次与他在一起。他的尸体被放在一个不锈钢担架上，从停尸房运出来，一切都是冷冰冰的，充满消毒水的味道，与我那一刻的心情相符。工作人员把时间留给我，并坐在了瞻仰室后面的沙发上，让我想待多久就待多久。我抚摸着父亲的光头，发现他和我一样冰冷麻木。对于一个几乎没有给过我任何情感表达的父亲，有什么可说的呢？在他之前的住院期间，我时常探望，但我们之间往往只有尴尬的寥寥几句话语。在长达16个小时的路程之后，等待我的只有1个小时的沉默——一个中国父亲和他的儿子之间痛苦的沉默。那么，在这相处的最后时刻，我该说些什么呢？多年未说的话被压缩在这个宝贵的时刻里。我心中涌起一股悲伤，但在工作人员面前，我哭不出来。我本可以要求她给我和父亲一些独处的时间，她一定会答应的，但这样简单的话，我竟无法说出口。我不屑于麻烦别人的情绪，竟超过了我对自己悲伤的允许。这是我终身的遗憾。当我需要特蕾西的时候，她在哪里？

说到比做到容易得多。我仍然在学着共情自己，为我没能做到的那些我在很多场合教给别人的东西。我们是人，我们也是人——人都有局限性，纵使学得再多、教得再多，在亲身经历之时，也可能做不到。我再次意识到，时间不会为任何人停留。不过幸运的是，我的遗憾可以为未来的来访者或受督者留下珍贵的一课，这是我如何将失去化为意义的方法。究竟谁是老师/督导师？到底谁又是学生/受督者？当面临存在的既定时，我们又一次成了同路人。

特蕾西陪伴着这个家庭从即将失去的悲伤，走向丧失的悲痛，她得到的回报是被允许在这个家庭需要的时候与他们在一起。父亲去世后，特蕾西有很多次单独会见这个男孩的机会。男孩没有接受与学校咨询师见面的建议，也没有向老师谈及他的悲伤。然而，他同意与特蕾西见面。在特蕾西的培训结束后，他们在他选择的一家餐馆进行了最后的告别，这是对特蕾西的勇气和同理心的肯定——一个仅十几岁的男孩，以他低调的方式给予特蕾西的最有力的认可。这一次，我依然只是作为一个见证者、一个学生，类似特蕾西在来访者面前扮演的角色。这再次提醒我，是我们的勇气而非头衔赋予了我们成为治疗师或督导师的权力。被邀请进入这个家庭的生活，特别是进入这个十几岁男孩的世界，是对特蕾西治疗师天赋的肯定。这是她完成培训后得到的一个多么美好的认可！这个男孩和他的母亲让特蕾西了解了生命和死亡，他们增强了她的信心，并以比我更有力的方式，促进了她作为治疗师和个人的发展。我见证了特蕾西的成长。

特蕾西的行为是一个美丽的创造。这种创造来源于哪里？依据老子在《道德经》第一章末尾的教导，我对这个问题的答案是：这种创造源自绝望。"玄之又玄，众妙之门"，这个灵感来自特蕾西面对无助时不回避的勇气，也来自特蕾西的生活经历。通过特蕾西的经历，我和她都再次学到，生与死是相互依存的，正如欢乐与悲伤。

> 你的欢乐，是不戴面具的悲伤。
> 那口升起欢笑的井泉，也时常装满你的泪水。
> 难道还能是别处吗？
> 你能够铭刻越深的难过，就能容纳越多的欢乐。
> 那觥筹交错的酒杯，不也曾在窑中被灼烧？
> 令人舒心解郁的琵琶，不也是曾被利刃挖空的木料？
>
> 喜悦的时候，向内心深处看便会发现，如今带给你快乐的，正是曾经使你难过的事物。
> 当你悲伤的时候，再次看向内心深处便会发觉，事实上你是在为曾经使你欣喜的事物而伤感。
>
> 有人说，"快乐大于悲伤"。其他人则认为，"不，悲伤更大"。
> 然而我要告诉你们，他们密不可分。

> 他们一同来临。请记住，某一个在和你共进晚餐时，另一个正躺在你的床上酣睡。
> 你就像架在喜与悲之间的天平。
> 只有空的时候，才是平衡的。
> 当财宝持有者用你去称他的金银时，你的喜与悲必须有所升降。（Gibran，2015）

特蕾西提供了她自己的生活经验。在她准备和这个家庭一起走完最后几步时，我不敢奢望能挤出足够的建议来帮助她，但我可以启发和解放她。在准备方面，让我放心的是，特蕾西和我在9个月的督导-受督导期间，一直在以多种方式为这最后几步做准备。这种准备不是线性的，而是逐渐积累的。特蕾西带进那个房间的是她生活经验的积累，以及在我们9个月的时间里发生的专业和个人转变的积累，直到那一刻。如果我不鼓励特蕾西利用这些经验，那就太傻了。与她已经拥有的一切相比，我还能给她多少呢？相比教授，我作为督导师的角色更多的是帮助特蕾西相信自然和天生的东西，并沉浸在"道"的神秘中。正如上文提到的达格·哈马舍尔德的话：归根结底，是对死亡的概念决定了我们如何回答生命提出的所有问题。我们培训的意义和成果就在这一刻得以体现。特蕾西和我不可能计划好她与家人创造的那些时刻，我们能做的是将自己与老子和庄子在其著作中描述的"道"保持一致。

《道德经》第二十七章

善行无辙迹；善言无瑕谪；善计不用筹策；善闭，无关楗而不可开；善结，无绳约而不可解。是以圣人常善救人，故无弃人；常善救物，故无弃物，是谓袭明。故善人者，善人之师；不善人者，善人之资。不贵其师，不爱其资，虽智大迷。是谓要妙。

译文：擅长旅行的人，没有固定的计划，并不追求刻意抵达；杰出的艺术家跟随直觉，去它想去的地方；优秀的科学家摆脱概念的束缚，像事情本来的样子保持开放。所以真正的大师无分别心，不拒绝任何人。他们擅长物尽其用，不会浪费。这便是光明的体现。所以善者可以作为善者的师长，不善者可以作为善者的借鉴。若是不明白这一点，纵使再聪明的人也会迷失。这便是精深微妙的道法。[1]

---

[1] 这里的译文更注重与作者英文的一致。——译者注

庖丁为文惠君解牛，手之所触，肩之所倚，足之所履，膝之所踦，砉然向然，奏刀䭷然，莫不中音。合于《桑林》之舞，乃中《经首》之会。

文惠君曰："嘻，善哉！技盖至此乎？"

庖丁释刀对曰："臣之所好者道也，进乎技矣。始臣之解牛之时，所见无非牛者；三年之后，未尝见全牛也。方今之时，臣以神遇而不以目视，官知止而神欲行。依乎天理，批大郤，导大窾，因其固然，技经肯綮之未尝，而况大軱乎！良庖岁更刀，割也；族庖月更刀，折也。今臣之刀十九年矣，所解数千牛矣，而刀刃若新发于硎。彼节者有间，而刀刃者无厚，以无厚入有间，恢恢乎其于游刃必有余地矣。是以十九年而刀刃若新发于硎。虽然，每至于族，吾见其难为，怵然为戒，视为止，行为迟，动刀甚微。謋然已解，如土委地。提刀而立，为之四顾，为之踌躇满志，善刀而藏之。"

文惠君曰："善哉！吾闻庖丁之言，得养生焉。"

译文：有一名厨师，名叫"丁"，为文惠君杀牛。他手触肩顶，脚踩膝抵，牛的骨肉分离所发出的砉砉响声，还有进刀解牛时哗哗的声音，都合乎舞曲《桑

林》和乐曲《经首》的节拍。

"哇，太棒了。"文惠君感叹道，"你的技术怎能如此高超！"

厨师放下刀，回答说："臣下所追寻的是道，它超越了单纯的技巧。刚开始解牛的时候，我看到的只是整头牛；三年后，看到的不再是整头牛。现在杀牛的时候，我只需用精神去触碰，而不是用眼睛去看它。仿佛感官已停止运作，只跟随内心随心所欲。顺着自然的肌肉纹理，沿着筋骨间大的空隙进行切割，将刀刃穿过骨节间的空穴，遵循牛的身体固有的结构，我从未遇到丝毫障碍，没有触碰过经络连接的地方或是肌肉结节，更不用说大骨头。高等厨师需每年换一次刀，因为他要剁肉；普通厨师一个月换一次刀，因为他切骨。我的刀如今已使用十九年之久，我用它解了几千头牛，但刀刃仍然像刚磨出来一样新。缝隙之间有空间，刀刃却很薄。用这样薄的刀刃刺入空间富裕的骨缝之中，一定游刃有余。这就是刀刃崭新的原因。尽管如此，每当碰到筋骨交错复杂的地方，感觉有些难度，我就小心谨慎，集中精神，放慢动作。随着刀轻轻一动，"嚯啦，嚯啦"的声音响起，骨肉已然分离，像一堆泥土散落在地。我站在那里,手握着刀,心满意足地看着周围的一切,然后将刀擦干净并收起。"

"太棒了!"文惠君说道,"我听了庖丁的话,知道应该如何滋养生命了。"

第五章

佩特鲁斯的故事：苦难中的陪伴

陪伴的力量

我在新加坡主持研讨会时,一名学生恳切地问道:"关于陪伴的治愈力,你谈了很多。但对于疼痛和痛苦,陪伴到底有什么帮助?"我已经接受了这样一个"事实",即陪伴是对存在的痛苦和折磨的有力解药,但我已经有一段时间没有思考并解释为什么了。这个来自"初学者头脑"的问题挑战了我,让我更深入地思考痛苦,以及陪伴的治愈性。

我的思考之旅开始于深入探索痛苦的本质。保罗·布兰德博士(Paul Brand,1993)在他的书《疼痛:无人想要的礼物》(*Pain, the Gift Nobody Wants*)中,探讨了身体疼痛的目的和价值。布兰德博士解释道,尽管身体下意识的反射作用使我们迅速远离疼痛,但正是这种不愉快的感觉唤起,迫使我们关注导致疼痛的问题并采取行动。疼痛也有助于我们将这种经历深深地印刻在记忆中,作为未来的保护。因此,布兰德博士鼓励我们培养对疼痛的感恩之心。我们可能不希望有疼痛的体验,但可以对疼痛感知系统心存感激。就像本·富兰克林(Ben Franklin)的那句名言:"那些刺痛你的,也提醒了你。"还有《塔木德》中的那句话:"因为我们就像橄榄:只有被压碎时,才会迸发出最大的潜能。"

罗洛·梅(1981)补充道,我们在头脑中把疼痛转化为苦难。同样地,哈罗德·库什纳(Harold Kushner)在《当坏事发生在好人身上》(*When Bad Things Happen to Good People*)一书中,举了以下例子说明无意义的痛苦和创造性的痛苦之间的区别:

> 科学家们已经找到了人类所受疼痛强度的测量方法。他们可以测量出一个事实,即偏头痛的强度高于膝盖脱皮的疼痛。并且他们已经确定,人类能够承受的疼痛极限有两个——分别是分娩和排出肾结石。从纯物理的角度来看,这两件事情同样痛苦,几乎没有差别。但从人类的角度来看,这两件事是不同的。排出肾结石的痛苦毫无意义,它只是身体某处自然功能失调的结果。但分娩之痛是创造性的痛苦,它是有意

义的，是赋予生命的痛苦，是带来了些什么的痛苦。这就是为什么肾结石患者往往会说："我愿意付出一切代价，不再经历这种痛。"但生过孩子的母亲，就像推动身体达到目标的跑步者或登山者一样，可以超越她的痛苦，考虑再经历一次这种痛。（Kushner，2004）

急性疼痛需要的是可以立刻缓解的措施，不过关于对疼痛的感知，心态依然有很大的影响。关于这一点，我的个人经验是以膝盖为代价的：在第一次膝关节术后的恢复过程中，由于某种原因，我对镇痛剂产生了过敏反应，浑身发痒。鉴于这种情况较为少见，护士不得不打电话给医生，得到允许后才给我用镇痛剂以减轻我的不适感。因为这是完全超出我掌控的局面，所以等待的时间变得漫长，失控和等待产生的无助感加剧了我的不适。幸运的是，镇痛剂最终以注射的形式施用，我得以在术后的第一个晚上安然入眠。第二天，护理人员向我介绍了病人自控镇痛剂（PCA）。它有一个按钮，我可以在需要时按下它来自己施用镇痛剂。当然，药量是有上限的，以防止病人用药过量。我非常感谢这个奇妙的发明，因为它把控制权、责任和安全感还给了我。

随着时间的推移和好奇心的驱使,我向护士长询问了她使用PCA的体验。她告诉我,护士们都认为PCA是天赐的礼物,为他们繁忙的日常工作减轻了一些负担。我可以想象,打镇痛针的任务对护理人员来说也是一种压力。对于病人和护士们来说,等待同样令人不快。控制别人的疼痛是相当大的责任,替代性疼痛也是一种疼痛。更有趣的是,护士长分享了研究结果,表明与以前由医生或护士管理镇痛剂的做法相比,使用PCA的病人使用的镇痛药物更少。基于对人性的看法,人们可能会认为,由病人自己掌控时,他们会倾向滥用止痛药,正是这种不信任导致了医疗机构对止痛药的严格控制,这是有道理的。然而正如研究表明的那样,事实恰恰相反。当被赋予控制权和责任时,绝大多数病人会选择更多地承受疼痛,而非滥用止痛药。

在现代研究之初,人们就知道,心理对疼痛的感知耐受起着重要的作用。为了减轻疼痛的痛苦,罗洛·梅(1981)认为,我们需要区分疼痛带来的痛苦和我们对疼痛的解读所造成的痛苦。恐惧、愤怒、内疚、孤独和无助,都是可以加剧疼痛的心理和情绪反应。因此,在与疼痛工作时,我们当然可以在疼痛感知的较低层次上开展工作,使用现代医学的工具,如药物和其他手段。同时,我们也可以通过改变观念和态度,在更高的层次上工作。陪伴是一种"机制",通过这种机制,我们帮助来访者承受并改变他们对疼痛和痛苦的看法和态度。

此外,恐惧和身体疼痛是协同作用的。剧烈的疼痛会让人产生对疼痛的恐惧,而这种恐惧——任何恐惧,特别是对剧烈身体疼痛的恐惧——会增加疼痛的强度。尽管陪伴不能消除身体上的痛苦,但它有助于减少人们对这种痛苦的恐惧,甚至是惊恐。这是我的个人经验。因为进行第四次膝盖手术的时候,我在被麻醉之前经历了轻微的惊恐发作。这不是我第一次做手术,所以惊恐发作对我来说是很意外的。麻醉师需要将我的手臂固定在手术台旁边的一个位置,这让我开始感到幽闭恐惧,并有一种强烈的对抗欲望。就在这时,一位经验丰富、富有同理心的外科护士和我进行了眼神交流,并用平静、舒缓的声音向我解释医疗团队正在一步步进行的具体工作。在那个冰冷、无菌的环境中,我感到非常孤独,脑海中甚至浮现出电影中注射死刑的场景。我吓坏了。外科护士的镇定让我想起了电影《行尸走肉》中苏珊·萨兰登(Susan Sarandon)的角色:她告诉肖恩·潘(Sean Penn),在行刑过程中要深深凝视她的眼睛。通过亲身经历,我更深地理解了那一幕的力量,以及在恐惧中陪伴的安慰力量。现代镇痛剂有助于控制身体上的疼痛,但正是陪伴帮我们实现了更高层次的"疼痛管理"。是陪伴,让"疼痛不一定等同于痛苦"成为可能；是陪伴，帮助我们分担和减轻了来访者的痛苦负担，从而证实了"分享使快乐加倍，分享使悲伤减半"这句谚语。

布兰德博士还提出了一个动人又关键的看法。从麻风病人的案例来看，由于麻风病人的患处失去痛觉感知，因此他们会觉得自己的四肢只是工具，哪怕他们可以清楚地看到手和脚，却根本不觉得这是自己身体的一部分，好像它们不是"我"的一部分。由此可见，疼痛不仅可以提醒和保护我们，它还使我们统一起来。疼痛是归属感的一个不可或缺的部分，身体的疼痛统一了我们拥有身体的感觉，同样地，对痛苦的体验可以看作是一种整合的力量，将我们和其他人联系起来。相比力量，脆弱更好地将人们连接起来，这或许是苦难背后的终极意义。痛苦是人类共同拥有的最基本的元素，也是将我们与所有生物统一起来的因素。这就是布琳·布朗（Brene Brown，2010）发表的演讲"脆弱的力量"排进最受欢迎的TED演讲前二十位的原因。这也是为什么道家偏爱弱者和有缺点的人，因为归根结底，并非实力和凝聚力而是我们的脆弱和痛苦，凸显了人的高尚，帮助我们联结彼此。

勇气与创造

所以,正是痛苦使我们团结起来。正是在团结或陪伴中,我们的痛苦不一定会转化为苦难;也正是在陪伴中,我们可以为苦难找到意义。这个美丽的原则充分地体现在我的某一次督导工作中。那是对我而言最困难的一次督导,也是我做得最好的一次。谈话在开始并不乐观,因为在平行过程中,我和受督者一样面临无助感。然而,绝望中迸发了灵感和美好。接下来我与你们分享这个故事。

佩特鲁斯是一位"活到老,学到老"的典范。他是当地一所大学的社会服务专业的教授,已经取得了一个博士学位。然而,对学习的热爱使他重返校园,继续攻读临床心理学专业的博士学位。当时,佩特鲁斯在当地的临终关怀医院实习,当医院的工作人员发现佩特鲁斯是一位社会服务专业教授时,他们很自然地将一些更具挑战性的病人转交给他照顾,其中包括一位深受身体和心理痛苦折磨的母亲。这位病人承受着骨癌带来的巨大痛苦,一直坚持到她的第一个儿子高中毕业。骨癌尤其可怕,病人因此恳求医务人员实现她的死亡愿望,使她得以从痛苦中解脱。佩特鲁斯走进房间，面对的是病人的哀号和对死亡的恳求。这使我想起尼采颇有力量的洞见："死亡的最终报酬是不必再死一次。"护士和医生们都远离了这个房间，因为他们什么都提供不了。病人止痛药的使用已达上限，然而她还想要更多。她要求安乐死，医护人员感到非常无助，向佩特鲁斯寻求帮助。

　　进入病人的房间后，佩特鲁斯问她自己能提供什么帮助。病人直截了当地要求佩特鲁斯结束她的生命。她说她已经等得够久了，而且为了参加儿子的毕业典礼忍受着疼痛，尽到了自己的责任。但是现在，她想"自私"一点，结束自己的生命。这可怎么办？与医务人员类似，佩特鲁斯也面临着自己的无助和绝望。由于不知道如何应对，佩特鲁斯一直陪着病人，同时提供了感觉相当空洞的鼓励。看到这些鼓励没有给她带来什么安慰，他也在短暂的停留后离开了房间。

　　几天后，佩特鲁斯来到督导室，问我，他能做什么。平行过程开始出现，因为我也在那一刻感到了同样的无助。通常情况下，在处理预期的哀悼时，我们会帮助来访者完成未完成的事情，让他们尽可能不留遗憾地死去。然而在这个案例中，病人坚持着完成了她的心愿，即出席儿子的毕业典礼。她履行了承诺，现在一心求死。我和佩特鲁斯以及那些医务人员处在同样的位置上，我也在无助中蒙了。那么你呢？

我想到了在督导时期读到的东西，我想到的第一件事是勇气——是勇气而非学位赋予了我们成为治疗师的权利。来访者的信任源于我们有勇气进入他们的痛苦，这种勇气就像在但丁·阿利吉耶里（Dante Alighieri）的《神曲》中，罗马诗人维吉尔（Virgil）引导但丁穿越九层地狱时呈现的那样。摆在佩特鲁斯和我面前的问题是，我们是否愿意进入来访者正在经历的地狱，与她谈论死亡？我们是否有足够的勇气与这位痛苦的女士一起思考安乐死？而这要从我是否愿意在督导中与佩特鲁斯讨论安乐死开始。《道德经》第一章结尾的话再次出现："玄之又玄，众妙之门。"

见证

此后不久，我的脑海中重现了"见证"的概念；我是在那段时期参加的一次会议上，被介绍了"见证"这一概念（或者说术语）的。见证意味着在来访者痛苦的时候，咨询师持续在场。当我们试图做得太多，当我们试图去掉很难消除和本不该消除的东西时，逃避就发生了。回顾前文提到的庄子讲的逃避影子的寓言，我于是努力保持在场，见证佩特鲁斯的痛苦，正如他见证了病人的痛苦。因为生活中的许多事情是无法解释的，只能见证（Remen，2006）。我们没有时间去诠释理论或解释因果。

见证看起来像是一个再简单不过的概念，以至于我们总是会问："这样就够了吗？""是不是也该做点别的？"难道仅仅把来访者留在痛苦中，然后看着他们挣扎吗？然而，见证的心理疗效并不在于我们带着旁观的态度，仅仅做一场悲剧的观众。见证的意义在于同理心和陪伴——在来访者的苦难深处陪着他，尽管对消除痛苦无能为力，但我们愿意待在那里。如果我们能做的只是见证来访者的痛苦，待在那里便具备某种力量。在见证和看见的时候，我们在向来访者传达：他们的痛苦和奉献是很重要的。

尽管痛苦往往不会被消除，然而人们的存在通过我们的见证得到了检验。正如谢尔顿·科普讲述的那个犹太传说：拉米德−沃夫（Lamed-Vov）是由36个正义之士构成的秘密组织，世界的存在离不开他们。其中一员死亡时，就会有新的一个人接替他的位置。正义之士与其他人的唯一区别，就是他们有着很深的同理心，他人的苦难会使他们心碎。正义者的痛苦是如此强烈，连上帝都别无他法，只能将最后审判的时间提前一分钟，以示悲悯。一个小男孩从他年迈的祖父那里得知，自己被指定为拉米德-沃夫斯中的一员。男孩既惊讶又不知所措,他不知道要如何完成自己的使命。祖父告诉他,继续做自己和继续做一个好孩子,其他什么都不需要。

然而,祖父的保证并未减轻男孩的负担,他沉浸在如何成为一个正义使者的想象中,并期望倘若他证明了自己的价值,上帝或许会让他的祖父免于死亡。所以,男孩开始想象他可以做出一些伟大的、自我牺牲的行为,以证明他的价值。当祖父了解到男孩深刻的爱和责任感时,他深受感动,但他通过澄清"正义者无法改变任何事情"这一事实,指出男孩方法的错误之处。

> 他谁也救不了。正义者不需要追求苦难。苦难的确存在,对世界上的每个人来说皆是如此。正义者只是需要对他人的痛苦保持开放,同时知道他改变不了什么。在无法拯救他人的前提下,他需要对他人的痛苦感同身受,这样他人就不必独自面对。这对于个人来说什么也改变不了,但对上帝来说却至关重要。
> (Kopp,2013)

小男孩仍无法理解什么都不做就能成为正义使者,能拯救祖父和世界。顿悟发生在当天晚上，他深度共情了一只被他用手抓住的苍蝇，他对苍蝇的恐惧与无助感同身受，苍蝇的脆弱突然也成为他的脆弱。颤抖着手将苍蝇放生后，男孩突然感觉自己沐浴在拉米德-沃夫斯的光芒之下——他成了正义使者的一员。他了解到，"爱不仅仅是开放地体验另一个人的痛苦。它是明知自己无能为力，无法将对方从痛苦中拯救出来，却仍然愿意与他人的无助待在一起"（Kopp，2013）。

秉持着这两种重要的治疗态度，我找到了自己的方向并重新出发。我请佩特鲁斯通过描述将我一同带入病人的房间，为我分享他的内在体验，并尽可能地还原病人在病房中的场景。我见证了佩特鲁斯的经验，并记录下了自己听到的。我敞开自己去体验病房中的一切——不论是佩特鲁斯还是病人所经历的痛苦，并且尽可能深入和诚实地向佩特鲁斯镜映我的所听所感。

诗意而纯粹的反馈

镜映的概念很容易理解，但镜映的质量却至关重要。在早期的治疗培训中，我们都学习过镜映和反馈作为基本技巧的重要性。然而实际效果如何呢？我们要反馈什么？是内容、过程、认知、情感、身体动作，还是其他什么？

很长时间以来，每次示范角色扮演的时候我都试图证明倾听时聆听旋律而非词句的重要性。这是另一种在意过程胜过内容的方式。我指示学生全身心地倾听，感受来访者试图传达的东西。正如诗歌这种工具是传达诗人内在自我的途径，来访者使用的语言也只是工具而已。我们需要倾听和理解的是来访者的内在自我——他们的存在本身。同样，罗洛·梅（1994）指出："一首诗或一幅画作的伟大之处，不在于它描绘了所观察或经历的事物，而在于它描绘了艺术家或诗人与现实相遇后所产生的愿景。"因此，督导师教导学生不要关注文字（内容），而要关注文字背后的实质。治疗师追求的不仅仅是内容的准确性，有益的同理心远比内容的准确性重要得多；治疗师追求的是本体论的准确性，希望与来访者的节奏、音色和旋律保持一致，并与之合拍。而在这方面，诗歌可以说是一个强大的工具。

出色的治疗师工作时很像艺术家。诗人奥登说过，诗人"与自己的语言结婚，诗歌诞生于这段婚姻"。在《创造的勇气》（*The Courage to Create*）这本书中，罗洛·梅将创作过程描述为一种需要艺术家全情投入的邂逅。他写道："这种意识的强度不一定与有意的目的或意愿有关。我们不能强迫自己有灵感，创造不能在刻意中发生。但我们可以用带着奉献与承诺将自己交付给邂逅。"因此，艺术家必须放下控制，保持开放。罗洛·梅对创作过程的理解，恰如其分地描述了如何见证和提供高质量反馈或镜映。倾听佩特鲁斯描述他在病房中的经历时，与其说我是他的经历的记录者，不如说我是一个沉浸其中的艺术家。我努力用第三只耳朵倾听，这样我就可以诗意地反映他叙述中最凄美、最动人的地方。就像诗人必须格外注意用词一样，我也将自身经验和佩特鲁斯相适应，并镜映出这些经验的本质。这就是写一首诗需要的。

通过一次翻译练习，我了解了作诗的思考过程——其实就是对中文歌曲《丁香花》的翻译。我在第三章中用这首歌讲述了布鲁斯与一位病人的相遇。这首歌的歌词很美，是这个故事中错综复杂的一部分。鉴于将中文翻译成英文的能力有限，我先请一位朋友做了初步翻译。她做得很好，几乎逐字逐句准确翻译了歌曲的内容。然而，这首歌的大部分精髓被遗漏了。译文未能与旋律匹配，也未能抓住歌曲的灵魂和本质。相信有翻译诗歌经验的人会很容易理解，原版歌词作者为了适应旋律而创作了歌词，如果用不同的语言，就很难做到这一点。然而，为了将这首歌和这个故事客观地呈现出来，我必须尝试。

以下你会看到，左边第一栏是原版的中文歌词，第二栏是由我朋友进行的更客观的逐字翻译，第三栏是我非常主观的翻译，我试图通过我认为诗意的翻译来捕捉这首歌的本质。正如你看到的，我的翻译自由度很大，并且更加宽松，它描绘了我对这首歌的主观理解和感受。客观地说，它是原歌词的一个远亲了。然而，我相信我的翻译提供了更接近原歌词的灵魂和内涵的描写。

中文歌词	逐字翻译	我的翻译
你说你最爱丁香花	You said your favorite flower is Lilacs 你说丁香花是你的最爱	Your favorite flower is Lilac 你最爱丁香花
因为你的名字就是它	Because Lilac is your name 因为它是你的名字	For this is your name 因为它是你的名字
多么忧郁的花	What a melancholy flower 多么忧郁的一朵花	A melancholic flower 一朵忧郁的花
多愁善感的人啊	What a sentimental person 多么多愁善感的一个人	A sentimental you 正如多愁善感的你
当花儿枯萎的时候	When the flowers are withered 当花儿枯萎的时候	Upon your wilting 在你枯萎的瞬间
当画面定格的时候	When the picture freezes 当画面静止的时候	Time stood still 时间定格
多么娇嫩的花	How many tender flowers 多少娇嫩的花朵	Such a tender and lovely flower 如此娇嫩可爱的花
却躲不过风吹雨打	Have dodged the wind and rain 躲避着风吹雨打	Battered by the wind and rain 凋落于风吹雨打
飘啊摇啊的一生	With the passage of a lifetime 随着生命的流逝	Fluttering through life 飘摇的一生

中文歌词	逐字翻译	我的翻译
多少美丽编织的梦啊	How many beautiful dreams have been weaved 编织了多少美丽的梦	Weaving dreams, one after another 编织着一个又一个美梦
就这样匆匆你走了	Just like this, you are gone 你也像这样离开	Hastily, you left 你匆匆而去
留给我一生牵挂	Leaving me a lifetime of concern 留下我牵挂余生	Leaving me a lifetime of reminiscence 留给我余生的追忆
那坟前开满鲜花	Fresh flowers fill the gravesite 坟前开满鲜花	Fresh flowers blooming at your graveside 鲜花在你的墓前绽放
是你多么渴望的美啊	How much beauty are you longing for? 那是你多么渴望的美丽	The beauty you longed for 正是你渴望的美
你看那满山遍野	See a whole mountainside 看那漫山遍野	A mountain of blossoms 漫山遍野的鲜花
你还觉得孤单吗	Are you still lonely 你是否仍然孤单	Are you lonely still? 你是否仍在孤单
你听那有人在唱	Can you hear, there is someone singing 你能听到有人在唱歌吗	Listen, a serenade, 听，一首小夜曲
那首你最爱的歌谣啊	That song you love the most 那是你最爱的歌	your favorite ballad 你最爱的那首民谣
尘世间多少繁芜	This world filled with needless words 这个世界上充满了无谓的言辞	Worry no more 不再牵挂
从此不必再牵挂	From now on, no need to be concerned again 从此无须牵挂	About the needless cares of the world 这世上无谓的烦恼

中文歌词	逐字翻译	我的翻译
院子里栽满丁香花	The day is filled with Liliacs 满是丁香花的一天	Lilac, my daily companion 丁香花，日常陪伴着我
开满紫色美丽的鲜花	Full of winning beautiful fresh flowers 开满美丽的鲜花	My beautiful, blossoming Lilac 我美丽、盛开的丁香花
我在这里陪着她	I'm here to keep her company 我在这里始终陪伴着她	I'm here with you 我在这陪着你
一生一世守护她	Protect her for a lifetime 终身保护她	to protect you now and forever 永远守护着你

尽管诗意的翻译对我来说颇具挑战性，我仍然非常感谢这个落在我头上的教学机会。我用它向学生展示了在回应来访者的时候，内容反馈和诗意镜映之间的区别。矛盾的是，少即是多。尽管诗意反馈的字数和内容比较少，因此不那么客观准确，但我相信它更好地抓住了这首歌的精髓。更少的字数增加了其意义的深度。罗洛·梅（1994）告诉我们，"创造力本身需要限制，因为创意迸发于人类与限制的斗争"。此外：

> 创意来源于自发性和局限性之间的张力，后者（就像河岸）迫使自发性转变成各种形式，这也正是艺术作品或诗歌的核心。于限制之中的挣扎实际上是创意产出的来源。这些限制是必要的，就像河岸对水

流的限制一样。如若没有河岸的限制，水会分散在地球上，也就没有了河流——也就是说，河流是由流动的水和河岸之间的张力构成的。艺术也同样需要限制，作为其诞生的必要因素。

写诗的时候会发现，把你的想表达的意思装进这样那样的形式，要求你在想象中重新架构含义。你拒绝了某些表达方式，选择了其他方式，你总是试图重新组织这首诗。在这个重新组织的过程中，你得出了全新的、更深刻的意义，甚至超出你的想象。重构不是简单地砍掉没有空间可放的内容；它协助我们寻找新的含义，刺激我们浓缩、简化和净化原本的意义，是在一个更普遍的维度上发现你想表达的核心。这么说来，莎士比亚可以在他的戏剧中赋予多少意义！因为它们是用诗句，而不是散文写成的。或者他的十四行诗中又包含着多少意义，因为只有十四行！

纯粹和准确的镜映十分重要，这是我试图教给学生的关于镜映的另一方面。这需要我们把自身的假设、预设的理论和个人偏好悬置。悬置（epoche）是一个核心概念，也是现象学疗法的第一步，它也被称为"悬置法则"。Epoche原本是一个古希腊术语，指的是对无证据事项的所有判断都被搁置的状态。因此，数学中的"悬置"（epoche也有括号的意思）概念是指我们在完成计算中的其他步骤时，暂时搁置或暂停某个特定步骤。被大众称为现象学之父的埃德蒙·胡塞尔（Edmund Husserl），恰好有数学背景。在实践悬置的过程中，我尽最大努力暂停所有的信念和侧重点、理论倾向、个人偏见、假设、先前的知识或信息、判断、期望和假设，试图尽可能深入地理解佩特鲁斯在病房里与那位病人在一起的经历。聆听佩特鲁斯的分享时，我尽力保持好奇、开放、节制和放空的心态。

禅修者非常了解镜映和"悬置法则"，他们把禅意比作镜子。

> 这面镜子是完全排除小我和思维的。如果一朵花来了，它就呈现出一朵花；如若一只鸟来了，它便反映出一只鸟。无论事物的美丑，它都不加修饰地呈现，如其所是。镜子不包含评判分别心或自我意识的部分。如果有东西来了，镜子会映照它；如果东西走了，镜子就让它走……人不会留下任何痕迹。这种不执着、无妄念的状态，或镜子的自由自在，在这里被比作佛陀纯粹又清明的智慧。（Merton，1968）

一旦我们尝试分析、辨别、评判、分类或归纳，我们就在纯粹的镜子上叠加了其他东西。我们在装填，而不是清空；我们在用先入为主的范式进行过滤性镜映，并确信这比单纯的镜映更好。确实有可能，但这就已经失去了镜映的纯粹（Merton，1968）。庄子也赞同这一点，他写道：

> 至人之用心若镜，不将不迎，应而不藏，故能胜物而不伤。

> 译文：圣者之心如同一面镜子，来者不拒，去者不追。如实观照，不会有任何隐藏。因此，他能够超脱物外而不被外界劳神伤身。

在治疗中，我们的目标就是成为那面干净的镜子，尽力放下我们的假设，以便尽可能地接近来访者的主观体验。因此，当来访者与我分享她在与父亲临终前的短暂相处中并未完全在场的痛苦和遗憾之时，如果我遵循"悬置法则"，尽可能成为一面干净的镜子，那么我就要悬置安慰她的愿望，而是镜映她主观的、痛苦的现实经验。这并不意味着安慰她的愿望或提供另一种观点的渴望不重要；这仅仅意味着，为了真正理解她，我有必要悬置个人观点和欲望，尽可能地从她的内部世界理解她的经验。其实这种情况下，我们常犯的错误是企图把自己的观点强加给那面镜子。自我关怀和纠正偏颇的观念，以及过于苛刻的自我指责确实很重要，但过早地做拯救者，往往会妨碍来访者的自我愈合之路。转变往往需要穿越黑暗，再说一次，正是愿意与来访者一同进入黑暗的勇气，帮助他们看到最终的光明。

因此，为了进行有益的见证，准确地向佩特鲁斯镜映他和来访者当晚的经验，我必须要悬置的有：自己的无助感；劝慰佩特鲁斯他已经尽力的愿望；对因促使佩特鲁斯冒险与来访者谈论安乐死而惹上麻烦的担心；对自己在佩特鲁斯面前显得不够格的担心；教授和讲述存在论的渴望。我放空自己，开始记录佩特鲁斯在分享他的挣扎时告诉我的话。

简单的翻译：婴儿口中的智慧

接下来我将介绍自己在一次简单的翻译中获得的领悟，其中同样阐释了限制带来创造力的悖论。某段时间我参加了一位中国台湾的朋友举办的艺术展，在展上听到了一个故事。该展览是某位杰出艺术导师的最后一个课程项目，这位导师通过将学生最好的一面呈现在艺术中，具现了人本主义价值。他将美术作为一种自我确认的投射，而不是像现在许多临床投射性心理测量方法[如罗夏墨迹测验和主题统觉测验（TAT）]那样，将绘画用作病理学的评估。他常常问学生："我想知道这部分在对你说什么？"或者指着画布上学生自我表达较少的部分问："你为什么不探索一下这个，看看你能想出什么？"他在探索可能性，而不是寻找病理。这种教授方式的成果在那天晚上得到了展示。在我看来，欣赏学生艺术自我的进步和成熟是很有意义的，在艺术展上可以看到，随着课程的进展，学生作品的演变越发大胆和进步。这是一项"艺术治疗"的展出！

几名学生选择的最后一个项目，是绘制和书写一本儿童读物。或许，这种选择部分印证了艺术导师帮助每个学生活出了他们的内在小孩。听到下面这个故事的那一刻，我深受感动，并请求作者允许我将这个儿童读物翻译成英文。因为这个故事有力地说明了存在主义心理学的许多基本原则，诸如异化、陪伴、实现和真实性等主题都有力地呈现出来。

我最初认为，这应该是一次简单的翻译。毕竟，这是一本儿童读物。故事不长，采用的词语也很简单。然而在翻译过程中，我发现，要表达最基本和最纯粹的东西是很困难的。我面临的挑战是找到更简单的词语来表达美丽的、基本的概念和主题，而不使用专业术语。人本主义心理学对简单性的偏爱，常常会被误解为缺乏深度和复杂性。然而，人本主义心理学家知道，最简单的东西往往最有力、最深刻。无论如何，我是在翻译一本儿童读物，所以我努力避免使用自己熟悉的心理学术语，如"真实性"和"透明度"。想想看，抛出"短暂性"和"本体论"这样的语义炸弹，肯定会毁掉一个好的童话。因此，我的最终成果是一个综合性的故事，其中，我抛弃一些花哨的词。毕竟，你如何向一个4岁的孩子解释"短暂性"？

诺贝尔奖获得者丹尼尔·卡尼曼（Daniel Kahneman，2011）也提出了这样的建议：如果一个人想显得聪慧和可信，最好不要在三言两语就能说清楚的事上使用复杂的语言。他引用了他在普林斯顿大学的同事丹尼·奥本海默（Danny Oppenheimer）的研究成果——使用佶屈聱牙的语言来表达通俗易懂的观点，往往会被认为是智力低下和可信度低的标志。我们到底是要用语言打动谁？

在翻译这个故事的过程中，我意识到它与督导和心理治疗的共性。一个好的督导师或治疗师的挑战是为受督者或来访者翻译和简化抽象的心理学概念。人本主义心理学家不把治疗神秘化，而是努力做到简单和透明。我们努力创造亲密关系而不是神秘感。翻译《丁香花》的歌词和这个童话让我体会到，尽管抽象术语在学术界有其地位，但当涉及在治疗过程中启发和引导来访者时，智慧确实来自婴儿口中。孩子们的故事直达心灵，直接带我们进入问题的核心。也许这就是为什么孩子总是会重复聆听那些故事，并且每次都投入其中。所以，当你再次需要向受督者或来访者传达一些简单而基本的东西时，你或许可以考虑分享一个童话。我们的心永远不会太老，永远需要童话。接下来我会分享两个童话：第一个故事是我在一次治疗过程中与一位正在努力自我接纳的来访者分享的；第二个是我为艺术家朋友翻译的故事。

我不知道我是谁！

从前有个人，名字叫作"她"。
她不知道自己是谁，
所以她到处找自己。

有一天她见到一头狮子，
便问道："你好，你是谁？"
狮子说："我是狮子！"
她接着问："那我也是狮子吗？"
狮子说："看看你自己，是如此地弱小。你会捕猎吗？你能拖动一只羚羊吗？"

她感到羞愧和失落，然而依旧很困惑。

她在心里想："看看我，虚弱又无力。我什么也不是！"

有一天，她遇到了一只老鹰，

便问道："你好，你是谁？"

老鹰说："我是老鹰！"

她接着问："那我也是老鹰吗？"

老鹰说："你有翅膀吗？你能飞吗？真悲哀啊，你似乎没有翅膀，也飞不起来！"

她感到悲伤和恐惧，然而依旧很困惑。

她对自己说："看看我，我没有翅膀，多可怜啊！我什么也不是！什么也不是！"

她继续寻找着自己。但随着时间的推移，她越来越低落。

她低垂着头，发现鱼儿在小河里游来游去。

她问一条小鲤鱼："你好，你是谁？"

小鲤鱼说："我不知道我是谁。"

她接着问:"我也不知道我是谁。我们是不是很像?"

小鲤鱼说:"你为什么不在水里?你怎么能离开水生活呢?不要告诉我,你不会游泳!"

听到这句话,她意识到自己一无所有,一无所长。她感到深深的孤独和痛苦,然而依旧很困惑。她心想:"看看我,我不会游泳。我什么也做不了。我什么也不是!"

她筋疲力尽:"我很虚弱,我不会飞,我不会游泳,我不会……"然而她从未停止过询问:"我是树懒吗?我是火烈鸟吗?我是蛇吗?为什么我不是一头大象?"

……

她从未停止过寻找,

直到有一天,

她偶遇了一个悲伤的家伙,并通过他的眼睛找到了自己。

你瞧,这个悲伤的家伙也通过她的眼睛找到了自己。

两人吓了一跳,一时语塞。

转瞬间,他们忘我又兴奋地蹦蹦跳跳。

开心得不得了。

两颗孤独的灵魂相遇了,意识到自己并没有那么糟糕!

日复一日,她和新朋友发现了越来越多的伙伴,这些人都通过彼此的眼睛找到了自己。

她非常迫切地问:"你们是谁?你们到底是谁呢?"

伙伴们回答道:"我们是兔子。我们都是兔子!"

他们开始兴奋地跳来跳去,相互拥抱,欢呼雀跃!

渐渐地,她发现自己有长长的腿,又轻又软的毛……

她满心欢喜。

未来的某一天,她再次遇见一头狮子。

她跟狮子打招呼并说道:"狮子你好。我是一只兔子,很高兴见到你!"

从喜欢你的这一刻起

我和你从出生到现在,每一天,每一刻,都紧紧依偎在一起。

一起散步,一起发呆,一起掉眼泪。

只不过,总令我感到着急的是,为什么你一直都长不大呢?

而长大的我,却开始不习惯那个还是小小的你。

我担心长不大的你速度不够快。

所以,我刻意昂首阔步,把你远远地甩在身后。

我也担心大家会取笑长不大的你。

所以,我费尽心思把你藏起来,不让任何人发现。

都是你让我变得不完美了,我讨厌长不大的你!

我决定把你关进秘密的角落,

假装你从来都没有存在过。

正当我以为自己就要脱胎换骨的时候,

离开你的我，却一点也开心不起来。

我想念有你陪我一起散步……
自在的感觉会让我的脚步轻盈，而那才是我原来走路的姿态。

我喜欢有你陪我一起发呆……
想象的天空会充满许多梦想的泡泡，而那才是我一直感到幸福的画面。

我需要有你陪我一起掉眼泪……
肚子里满满的泪水可以毫无保留地宣泄，而那才是我最能够放松的时候。

原来，我怎么可以没有你呢？
就在这一刻，我打从心底喜欢上你了。
是你，让我成为独一无二的我。

作为简单之美的最后一个例子，我将分享我的同事兼好友迈克尔·莫茨（Michael Moats）的诗。为了向学生传达他对存

在主义现象学的理解,他就现象学的本质写了这首诗:

  我在今天醒来。它很美。

  按照我自己关于诗意和简单化的想法,以下是我那天晚上在与佩特鲁斯的督导过程中听到和记录的内容:

  在无处之地,不在这里也不在那里
  无法避免,也不会到来
  不可控,就放手
  既远,又近
  难以忘怀

  接近某些东西
  无助
  尖叫、汹涌
  亲近,尚未平静
  死亡的迫近
  生命短暂,尽可能实现梦想
  用内疚对抗死亡

我把这些短语发回给佩特鲁斯,并问他上次写诗是什么时候?他笑着告诉我,已经超过25年了。我让他当晚回家写一首诗,描述他之前在病房里与病人相处时的内心体验,我提供的短语可以作为他的素材。以下是佩特鲁斯的诗。他自己将其翻译成了中文。

痛而不苦

生命无常,我们有时不能避免要接受一些痛苦的事情。

它就好像我们的影子一样!我们愈想远离它,它就走得愈近!

痛苦的经验是不能忘记的!但又不想回忆!

它会使你无助、内疚!

生命虽然是短暂的,但唯有面对死亡的恐惧,死亡的威吓,接受死亡,才不感到痛是苦的!

相遇:出现

我提出这个练习的目的,仅仅是为了让佩特鲁斯对自己的体验有更深的理解。我没有期望或建议他后续与病人分享这首诗，但他自发这样做了。你认为病人会做何反应？

在之后的督导会面中，佩特鲁斯告诉我，他冒险和那位病人分享了这首诗。病人很平和、安静，同时惊讶于佩特鲁斯再一次来看望自己。暴风雨已经过去。这让我想起几年前，我从一位同事那里得到的简单而深刻的回应。那又是一个无助的案例：我的一位来访者不肯承诺放弃自杀，这使我非常痛苦和纠结。我尽力与之建立治疗关系，运用所有的培训经验来帮助她。我给一位同事看了我们之间的通信记录，同事对我表示赞许，认为我对来访者的关怀既负责任又有同理心。这给我带来了很大的安慰，但我依然感觉非常无助。然后，同事与我分享，她的督导师曾告诉过她，有时我们能做的就是出现在来访者面前，剩下的就看他们自己了。这句话很简单，却很有力。在无助的时候依旧出现，是一种勇敢。我们认为这是理所当然的，但有时它其实是一种巨大的意志行为。佩特鲁斯通过再次拜访表现出了巨大的勇气。他告诉我："在我为病人做了所有能做的事情之后，我唯一要做的就是出现在她面前，剩下的就交给她自己了。"

那位病人对佩特鲁斯的再次出现感到惊讶，但更令她惊讶的是，他再来时还带着礼物。佩特鲁斯征求了病人的同意，开始大声朗读这首诗。之后，他把诗放在她的床头柜上。她默默地哭了一会儿，并向佩特鲁斯简单致谢。那是一个感人的时刻。正如丹尼尔·戈特利布教导的那样，病人度过了她的绝望期（当然，还会有波动），她又继续活了几个星期。

佩特鲁斯究竟改变了什么呢？这很难说。病人有任何可以测量出来的变化吗？这也很难说，很难衡量。对于治疗效果，我们能给出什么经验性的证据？谁知道呢。至少，佩特鲁斯在病人最困难的绝望时刻提供了短暂的陪伴。通过诗歌，佩特鲁斯见证了她深刻的痛苦。在我们督导的一个小时里，我也为佩特鲁斯做了同样的事情。虽然镇痛剂已经达到了极限，但我想，通过他的存在、勇气、创造力和陪伴，佩特鲁斯还是帮助病人减轻了一些痛苦。因为"在系统和公式结束的地方，存在主义的心理治疗开始了"（Mendelowitz et al，2007）。

美

那么问题来了：治疗和督导该如何进行？治疗的关键又是什么？在与杰弗里·米什洛（Jeffrey Mishlove）就"人类的困境"这一主题进行的访谈中，罗洛·梅说，当一个文化或社会处于衰落状态，失去了真、善、美，心理治疗就变得更有必要了。这让我不禁对如何看待心理治疗产生了疑问。我们如何将学生训练为优秀的治疗师？为了方便讨论，我在这里将情况分成两种：我们应该教学生进行高效的治疗，还是美的治疗？这两种情况是对立的吗？我的观点是，高效的治疗并不总是美的，但也许是有用的；而美的治疗往往是"高效"和有用的。在这个意义上，如果能够唤醒或转变来访者的存在本身，我们就有更大的可能解决核心的存在问题，从而在更广泛的层面上影响来访者的行为。当然，定义效率也许更简单，毕竟美更主观，难以捕捉。卡尔·罗杰斯的同事迪克·法森（Dick Farson）在分享他对"会心小组"效率进行研究遇到的挑战时，涉及了这个问题。在他进行的关于敏感性小组的疗效研究中，他指出了主观的自我报告与他人的"客观"报告之间的差异。也就是说，小组成员报告的重要经历和转变，往往不会在小组开始前后的心理测试或第三方观察清单中显示出来。这就提出了一个问题：我们使用的客观的心理测量工具，究竟在测量什么？法森继续对比了心理治疗的美学观点和功利主义观点。他认为：

> 审美是人类拥有的最高渴望之一。创造一些时刻，人可以在这些时刻中从新的维度体验自己。不论它是否有持久的益处，这些时刻本身就弥足珍贵。我认为人的生命中最珍视的东西——浪漫、日落等所有这些

美的体验，都很少被贴上"是否有用"的标签。它们当然没用，甚至连这个问题都是不合适的。（Farson, 2013）

在我看来，佩特鲁斯和那位病人共鸣的瞬间，就是一个美丽的时刻。存在主义的转变常常发生在这样的时刻。不同于某些针对特定行为的高效治疗，存在主义的相遇，努力实现意识的转变、来访者内在核心的转变、存在方式的转变。这再次让我想起舞蹈教练的课程。教练制定了基本的、重复的练习，帮助学员学会移动身体的核心，而不强调四肢的动作。在这种舞蹈方式中，身体内部核心的运动自然向外延伸流动，引起四肢的舞动。而大多数未经训练的观察者会完全忽略这一点，将主要关注点放在四肢动作上。然而，即使是未经训练的观察者，也能分辨出简单地模仿手脚运动的新手和从核心发力舞动的成熟舞者之间的区别。

同样地，"改变生命的治疗"是美国存在-人本主义心理治疗师詹姆斯·布根塔尔（1999）创造的一个术语，强调追求核心的转变而不是目标的实现。心理治疗并非外部目标的达成，而是内在的改变——基础层面也就是潜藏在外部境遇和行为之下的内核的变化。换句话说，要从根源上解决问题。治疗师争取的是提高意识、视角、可能性和选择的灵活性。这样的转变往往是细小而渐进,但更持久的。很多时候,如果不转变核心、不解决根本原因,狭义的目标行为就会反复,或者演变成其他症状,再次困扰来访者。舞蹈就和武术或心理治疗一样,没有高级技能,只有熟练的动作。我们跟随自然的反应,让每个人的身体采取阻力最小的路径来解决问题。身体知道它该去到哪里,要如何流动。没有错误的动作,唯一的错误是根本不动。

因此,除了按照阶段去理解治疗的典型方式,我还与受督者分享我的经验和观察,即治疗和生活是一系列的时刻,过好每一个当下就是成功。我们在生活和治疗中辛勤劳作,一路走来,尽最大努力去倾听和理解。我称之为耕耘,这构成了治疗的大部分。然而,如果我们能够脚踏实地地接纳顺应,并学会欣赏每个时刻的美,深层转变会发生于某些我们捕捉和觉知到的短暂瞬间。这样的瞬间无法被创造,不过,我们可以努力保持谦逊和欣赏的态度,因为美总是在那里等待被发现。除了鼓励学生欣赏人生的每个阶段,我也支持他们采取不同的视角,超越线性阶段,以更好地顺应神奇的转变时刻的出现。再次强调,在存在-人本主义角度实践的治疗过程中,往往是这种时刻的深度相遇带来了重要转变。当来访者反思他们的治疗时,当人们回顾自己的生活时,我们回想和在意的是决定性的时刻，而非发展阶段。

丹尼尔·卡尼曼（2011）发现，我们有两种评估痛苦体验和快乐体验的方式，这些体验具有启发性的矛盾。他对在清醒状态下接受结肠镜检查和肾结石手术的病人进行了研究——这些手术的时间从4分钟到一个多小时不等。他给了病人一个设备，要求他们每60秒对自己的疼痛进行评价，以收集他们每个时刻的痛苦体验程度。手术结束时，病人要对自己在整个手术过程中经历的疼痛总量评分。人们可能会猜想，最后的评分将代表每时每刻的体验的总和，或者说，持续时间长的疼痛比持续时间短的疼痛更糟糕——如果生活是如此的线性、可预测和易于计算就好了。然而卡尼曼和他的同事发现，病人的评分最后由他所谓的"峰终定律"来预测，也就是说，最终评分由手术过程中最糟糕的那一刻和手术结束时的疼痛的平均值组成。"峰终定律"也已经被很多其他情境的研究证实，这不仅适用于我们对痛苦的体验，也适用于对快乐的体验。我们的回忆，以及我们如何创造意义，与时刻的关系很大，而与阶段的关系不大。

对现象学家来说，这些发现并不意外，因为人是创造意义的生物，最终，人们并不把自己的生活仅仅看作是所有部分的总和或平均。我们通过自己构建的故事来创造意义，而这些故事是由生活中的重要时刻建构的。这些时刻中，最主要的是终点，即故事的结局。正如维克多·弗兰克尔（1985）提醒的那样，意义确保它无法被追求。一个看似幸福、没有太多痛苦的生活，可能是空虚的；一个看似困难，但致力于一个更伟大追求的生活，可能会带来巨大的快乐。似乎我们更喜欢强烈的快乐时刻，而不是稳定的快乐。某些快乐和结局收获的重要礼物，可以使忍受痛苦变得值得。

深度相遇的时刻正是神学家马丁·布伯珍视的。他把这种时刻描述为"我-你"的相遇。布伯（2011）解释说，在每次珍贵的"我-你"相遇之后，两个人都会发生永久的改变。这些时刻无法预测和控制，可控、可预测是实证科学的特点。因此，如果我们愿意放手、合一，并向更大的美臣服，我们就可以敞开自己，并相信这种转变的时刻将自然而然地发生。用维克多·弗兰克尔（1988）的话说：

> 想象一位音乐爱好者坐在演奏厅里，耳边萦绕着他最爱的交响乐之中最高潮的篇章。他感受着人类在最纯粹的美面前，那种情感洋溢的波动。假设我们在此时此刻问这个人，他的生命是否有意义，他的答案肯定会是：如果仅仅是为了体验当下欣喜若狂的时

刻，那么他的生命是值得的。哪怕只有一个瞬间可以回答这个问题——生命的伟大可以用某个瞬间的伟大来衡量。

所以，尽管这种美的时刻无法被掌控和预测，但我们可以帮助受督者带着谦逊和敬畏，顺应和臣服于对美的欣赏。波莉·贝伦兹（Polly Berends, 1983）写了一本关于育儿的书，其中包含了很多关于"道"的原理。在关于美的章节中，她提出问题：为什么对美、艺术和音乐的研究被称为艺术和音乐欣赏而不是艺术分析？因为分析是头脑的工作，而欣赏则与灵魂相关。欣赏远不止是喜欢某样东西，它包含理解和珍视。欣赏（appreciation）与感恩（gratitude）是同义词，超越了只是喜欢或欢喜于事物的表象。在真正的感恩中，我们欣赏面前一切事物的意义。如果是这样，那么所有的东西，不论好坏，都值得被欣赏，都有可能是美的。培养这种类型的欣赏需要谦逊——从我们作为治疗师和督导师开始。没有谦逊就不会有真正的感恩，没有感恩就不可能有真正的谦卑。贝伦兹写道，欣赏美的秘密不是做什么或拥有什么，而是看到。我们不需要知道如何做才是美的，只需要觉知到它。"我们在这里并非为了看起来好或是做得好，而是为了看到，从而成为美好。"（Berends,

1983）就像做父母一样，督导师的任务并不在于教导受督者做得好或产生美，而是通过谦逊的态度，与受督者一起敞开心扉，欣赏美的治愈力带来的可能性。

所以，再次回到佩特鲁斯和他的来访者身上。客观地看，很难确定那位病人获得了什么转变。然而我可以肯定的是，佩特鲁斯和我都发生了转变，本页的文字就是证据。在病人入住临终关怀病房的短暂时间里，佩特鲁斯在她的痛苦和绝望最为强烈的时期，给予了她一定程度的陪伴。根据"峰终定律"，我想佩特鲁斯在至暗时刻提供的陪伴，帮助她减轻了痛苦，并且使得她之后的痛苦更有意义了。佩特鲁斯的在场至关重要，这首诗的礼物，至少帮助佩特鲁斯和我创造了意义，让我们觉得自己的痛苦更有价值。希望那位病人在生命的最后阶段也能有同样的感受。佩特鲁斯创造的美如涟漪般荡漾开来，至少有一个晚上，佩特鲁斯回到了诗歌，回到了他内心的艺术家，而我们两人都学到了更多关于勇气和见证的内涵。

我以一个尖锐的问题作为本章的开篇，并将以另一个鼓舞人心的问题来结束本章和本书。同时，我会分享一首自己的诗回应这个问题。该问题与内在的艺术家有关，我认为它符合所有人的情况。第二届国际存在主义心理学大会之后，在深圳举行的一个研讨会上，一位与会者提出了这个问题。研讨会的主题是创造力和存在主义心理学。路易斯·霍夫曼（Louis Hoffman）分享了他的诗歌，并向听众讲述诗歌的有效使用和治疗效果，为整个过程定下了基调。这启发了一位参与者分享她自己的故事：她是一名艺术家，但为了"面对现实"和经济因素而放弃了自己的艺术之旅。她放弃艺术，还有另一个不为人知的原因，因为她从观察中推断出来，许多著名的艺术家，如梵高和海明威，都是受尽折磨的灵魂，很多人认为他们有精神病。她想知道心理学家对艺术和心理健康的看法。很明显，她在研讨会上得到了启发，但对重回艺术领域又心怀恐惧，她寻求我们的指导。我的回答包含了以下诗歌的主题。由于会后有了更多的时间和思考，在这里，我用这首原创的诗来补充我的回答，因为我唤醒了自己内在的艺术家。

你内在的艺术家
从未离开，
她只是睡着了，
蛰伏在
你的灵魂深处。

她在呼唤你吗？

她在向你呼唤吗？
如果是的，
请马上
应答。

你今日唤醒的
不是艺术才能的缺失，
而是你灵魂的冬眠。

你今日唤醒的
是重新发现的喜悦，
伴随着对孤独的恐惧。
是一次真正的唤醒！

你会做什么？
你该如何行动？
我们要如何生活？
我们必须成为什么？

一个又一个天真的问题！

谁是疯子?
你觉得呢?

疯,
是治疗的前提,
不论东方还是西方
既然如此,
那就随他去吧。

谁疯了?
谁又是清醒的?
那些走在少有人走的路
之上的我们
更清楚。[1]

艺术家的故事还在继续,研讨会的翻译给我发了下面这首诗,这是她在研讨会结束前飞往机场的路上写下的,也是她的第

---

[1] 这首诗的灵感也来自鲁米和我的朋友和同事路易斯·霍夫曼。

一首诗。她通过参加我们的会前和会后研讨会，以及主要会议本身，被存在主义心理学吸引。读大学时，她的专业是文学，但由于家庭压力，她决定放弃写作的梦想，投身金融界。然而，她内在的艺术家现在也被唤醒了，下面这首诗就证明了这一点：

> 一日清晨，
> 出租车载着我
> 行驶在高速路上。
> 我看到晨曦之下
> 城市的天际线，
> 感到生命无比地自由。
>
> 打开车窗
> 深吸一口清新的空气，
> 轻柔的雾气
> 很快消失在阳光下，
> 所以不再担忧
> 前路的模糊。
>
> 高楼绿树飞快落在身后，

第五章 佩特鲁斯的故事：苦难中的陪伴

我静静地坐着

感受飞机飞入云端。

我曾走过许多旅程

被派遣或被给予

而我更珍视自己选择的这趟。

纵使时间有限

我仍要打开手上这本书

存在主义心理学。

参考文献

老子[M].汤漳平，王朝华，译注.北京：中华书局，2014.

庄子[M].方勇，译注.北京：中华书局，2015.

Albom, M. (2009). Have a Little Faith: A True Story. New York, NY: HachetteBooks.

Alchemy. (n.d.). Alchemy. Retrieved January 27, 2017, from Web site:http://alchemyinc.net/stories-and-myth/.

Berends, P. B. (1983). Whole child/Whole Parent. New York, NY: Harper & RowPublishers.

Brand, P. (1993). Pain, The Gift Nobody Wants. New York, NY: Harper CollinsPublisher.

Brooks, D. (2014, March). Should You Live for Your Résumé ... or Your Eulogy? [videofile]. Retrieved fromhttp://www.ted.com/talks/david_brooks_should_you_live_for_your_resume_or_your_eulogy.

Brown, B. (2010, June). The Power of Vulnerability. [video file]. Retrieved fromhttp://www.ted.com/talks/brene_brown_on_

vulnerability.

Buber, M. (2011). I and Thou. [Kindle for Android, 4.3.0.204]. (W. Kaufman,Trans.). Retrieved from Amazon.com.

Bugental, J. (1999). Psychotherapy Isn't What You Think. Phoenix, AZ: Zeig&Tucker.

Caputo, J.D. (2006). The Weakness of God: A Theology of the Event (IndianaSeries in the Philosophy of Religion). Bloomington, IN: Indiana UniversityPress.

Coehlo, P. (2006). The Alchemist. (A. R. Clarke, Trans.) Harper and Collins,New York, NY.

Chodron, P. (1997). When Things Fall apart: Heart Advice for Difficult Times.Boston, MA. Shambhala Publications, Inc.

Craig, E. (2000). Self as Such: Self, Spirit, and the Existing Human. Unpublishedpaper presented at the Old Saybrook 2 Conference, May 11-14.University of West Georgia, Carrollton Georgia.

De Saint Exupery, A. (2000). The Little Prince. [Kindle for Android, 4.3.0.204].(R. Howard, Trans.). Retrieved from Amazon.com.

Dias, J. (2017). Wu Wei. In Yang, M (ed). Existential Psychology and the Way ofthe Tao. Meditations on the Writings of Zhuangzi. London: Routledge.

Elkins, D. N. (1997). My old Jungian analyst (poem). Journal of HumanisticPsychology, 38(1), 41.

Farson, D. (2013, March 19). 1969 Sensitivity Training and Encounter Groupson Public TV – Charles K. Ferguson. [Video file]. Retrieved fromhttps://www.youtube.com/watch?v=BKII2hrWLNM.

Fausset, H. L, (1969). The Flame and the Light: Meanings in Vedanta andBuddhism. New York, NY: Greenwood Press.

Finke, T. (2017). The Stranger in the Woods: The Extraordinary Story of the LastTrue Hermit. New York, NY: Alfred A Knopf.

Frankl, V. (1985). Man's Search for Meaning. New York: Pocket Books.

Frankl, V. (1988). The Will to Meaning: Foundations and Applications ofLogotherapy. New York, NY: Penguin Group.

Franklin, B. (n.d.). [List of Quotes from Ben Franklin]. Retrieved fromhttp://www.goodreads.com/quotes/372803-that-which-hurts-alsoinstructs.

Galloway, T. (1997). The Inner Game of Tennis: The Classic Guide to the MentalSide of Peak Performance. New York, NY:

Random House.

Gendlin, E. T. (1981). Focusing. New York, NY: Bantam Dell.

Gibran, K. (2015). The Prophet. [Kindle for Android, 4.3.0.204]. Retrievedfrom Amazon.com.

Glotzer, L. (Producer), & Darabont, F. (Director). (1994). The ShawshankRedemption [Motion Picture]. United States: Castle Rock Entertainment.

Gottlieb, D. (2010). The Wisdom of Sam: Observations On Life from anUncommon Child. New York, NY: Hay House.

Gu Chen. (2005). Sea of Dreams. The Selected Writings of Gu Chen. (J. AllenTrans). New Directions Publishing Corp. New York, NY.

Hafiz. (2006). I heard God laughing: Poems of Hope and Joy.. (D. LadinskyTrans). New York, NY: Penguin Books.

Hafiz, (2010, March 2). Libby Pink. [Online Blog]. Retrieved January 31, 2016from http://libbypink.com/2010/03/how-did-the-rose/

Hammarskjold, D. (n.d.). BrainyQuote.com. Retrieved February 17, 2016,from BrainyQuote.com Web site:http://www.brainyquote.com/quotes/quotes/d/daghammars152627.html

Hardy, T. (n.d.). BrainyQuote.com. Retrieved January 18, 2015, fromBrainyQuote.com Web site:http://www.brainyquote.com/quotes/quotes/t/thomashard152301.html

Heider, J. (2005). The Tao of Leadership: Lao Tzu's Tao Te Ching Adapted for aNew Age. New York, NY: Green Dragon Publishing.

Hesse, H. (2012). Siddhartha. Toronto, ON: Harper Collins Publishers, Ltd.

Hoff, B. (1982). The Tao of Pooh. New York, NY: Penguin Group.

Indiana School of Medicine, (2015, May 14). 2015 IU School of MedicineCommencement: Dr. Kent Brantly [video file]. Retrieved fromwww.youtube.com/watch?v=GaRz8YGaGQk

Inman, R. (2009, January 5). Positive thinker's journal. [Online Journal ofPositive Thoughts and Inspirational Quotes]. Retried fromhttp://positivethinkersjournal.blogspot.com/2009/01/teacher.html

Iyer, P. (2014). The Art of Stillness: Adventures in Going Nowhere (TED Books).New York, NY: Simon &SchustJacobs, P. (2015, April 16).

A Navy SEAL commander told students to maketheir beds in the best graduation speech of 2014. [Website Article].Retrieved from http://www.businessinsider.com/mcraven-bestcommencement-speech-university-texas-2015-4

Janssen, J. S. (n.d.). The Art of Hanging-in There. [Website Article]. Retrievedfromhttp://www.psychotherapynetworker.org/magazine/recentissues/2012-julyaugust/item/1743-the-art-of-hanging-in-there

Johanson, G., Kurtz, R. (1991). Grace Unfolding: Psychotherapy in the Spirit ofTao TeChing . New York, NY: Harmony Books.

Kahneman, D. (2011). Thinking, Fast and Slow. [Kindle for Android, 4.3.0.204].Retrieved from Amazon.com.

Kazantzakis, N. (n.d.). [List of Quotes from Nicolas Kazantzakis]. Retrievedfrom:http://www.goodreads.com/author/quotes/5668.Nikos_Kazantzakis

Kopp, S. (1972). Guru: Metaphors from a Therapist. Palo Alto: CA, Science andBehavioral Books.

Kopp, S. (2013). If You Meet the Buddha on the Road, Kill Him: The Pilgrimage ofPsychotherapy Patients. [Kindle for

Android, 4.3.0.204]. Retrieved fromAmazon.com.

Kushner, H. (2004). When Bad Things Happen to Good People. New York, NY:Anchor Books.

Lao Tzu (1995). Tao Te Ching. (S. Mitchell, Trans.). Retrieved May 2, 2019,from http://albanycomplementaryhealth.com/wpcontent/uploads/2016/07/TaoTeChing-LaoTzu-StephenMitchellTranslation-33p.pdf

Lao Tzu, (2003). Tao Te Ching: The Definitive Edition. (J. Star. Trans). NewYork, NY: Jeremy Tarcher/Putnam

Lao Tzu, (2009). Lao Tzu: Tao Te Ching: A book about the Way and the Powerof the Way. (U.K Le Guin. Trans). Boston, MA: Shambhala PublicationsInc.

Lao Tzu, (2012). Tao Te Ching: Six Complete Translations. (I Mears. Trans).New York, NY: Start Publishing, LLC.

Lin, Y. (2008). The Importance of Living. [Kindle for Android, 4.3.0.204].Retrieved from Amazon.com.

Maugham, S. (2004). The Painted Veil. New York, NY: Vintage Books.

May, R. (1969). Love and Will. New York, NY: W. W. Norton & Co.

May, R. (1981). Freedom and Destiny. Norton & Company, New York, NY.

May, R. (1991). The Cry for Myth. New York, NY: W. W. Norton & Co.

May, R. (1994). The Courage to Create. New York, NY: W. W. Norton & Co.

May, R. (2013, March 19). Rollo May: The Human Dilemma (Part OneComplete): Thinking Allowed with Jeffrey Mishlove. [Video file]. Retrievedfrom https://www.youtube.com/watch?v=HH-9XkjqYHY.

Mendelowtiz, E. &Scneider, K. (2007). Existential Psychotherapy. In CurrentPsychotherapies, Vol 8. Belmont, CA: Thomson Brooks/Cole.er, Inc.

Jackson, P. &Delehanty, H. (2013). Eleven Rings: The Soul of Success. [Kindlefor Android, 4.3.0.204]. Retrieved from Amazon.com.

Merton, T. (1968). Zen and the Birds of Appetite. New York, NY: NewDirections Publishing Corporation.

Merton, T. (2010). The Way of Chuang Tzu. New Directions PublishingCorporation. New York, NY.

Misiak, H. and Sexton, V.S. (1973). Phenomenological, Existential, andHumanistic Psychologies: A Historical Survey. New York: NY. Grune andStratton.

Nietzsche, F. (n.d.). Goodreads.com. Retrieved March 14, 2019, fromgoodreads.com Web site: https://www.goodreads.com/quotes/882357-the-final-reward-of-the-dead---to-die-no.

Nietzsche, F. (n.d.). Onelifeonly.net. Retrieved January 13, 2017, fromonelifeonly.net Web site: http://www.onelifeonly.net/becoming-wise/

Nietzsche, F. (2008). Thus Spoke Zarathustra: A book for Everyone andNobody. [Kindle for Android, 4.3.0.204]. Retrieved from Amazon.com.

O'Brien, B. (2016, April 6). The Buddha's Raft Parable: What Does It Mean?Retrieved February 16, 2016, fromhttp://buddhism.about.com/od/sacredbuddhisttexts/fl/The-Buddhas-Raft-Parable.htm

Proust, M. (1993). In Search of Lost Time. The Complete Masterpiece. (C.K.S.Moncrief, T. Kilmartin, A Mayor Trans). Random House, New York, NY.

Rajneesh, B. S. (1981). Yoga: Vol. 9. The Alpha and the Omega.

RajneeshFoundation. New York, NY.

Remen, R.N. (n.d.). Rachelremen.com. Retrieved January 30, 2016, fromRachel Naomi Remen, M.D. Web site:http://www.rachelremen.com/about/.

Remen, R.N. (2000). My Grandfather's Blessings: Stories of Strength Refuge andBelonging. [Kindle for Android, 4.3.0.204]. Retrieved from Amazon.com.

Remen, R.N. (2006). Kitchen Table Wisdom: 10th Anniversary Edition. [Kindlefor Android, 4.3.0.204]. Retrieved from Amazon.com.

Riis, J. (n.d.). [List of Quotes from Jacob Riis]. Retrieved from:http://www.brainyquote.com/quotes/authors/j/jacob_riis.html.

Rilke, R. M. (n.d.). [List of Quotes from Rainer Maria Rilke]. Retrieved fromhttp://www.goodreads.com/quotes/119250-do-not-assume-that-hewho-seeks-to-comfort-you.

Rogers, C. (1961). On Becoming a Person. Houghton-Mifflin HarcourtPublishing Co. New York, NY.

Rogers, C. (1980). A Way of Being. Houghton-Mifflin Publishers Inc. New York,NY.

Rumi, J. (n.d.). [List of Quotes from Jalal ad-Din Rumi].

Retrieved fromhttp://thinkexist.com/quotation/silence-is-the-language-of-god-allelse-is-poor/763267.html.

Schulkin, D. (2014). A Journey Toward Authenticity. In M. Heery (Eds),Unearthing the moment: Mindful Applications of Existential-Humanisticand Transpersonal Psychotherapy. (140-147). Petaluma, CA: TonglenPress.

Spinelli, E. (1997). Tales of Un-Knowing: Eight Stories of Existential Therapy.New York University Press. New York, NY.

Spinelli, E. (2005). The Interpreted World: An Introduction toPhenomenological Psychology, 2nd Ed. Sage Publications. London. UK.

Storr, A. (1990). The Art of Psychotherapy, 2nd Ed. New York, NY: Routledge.

Talmud. (n.d.). [Wikiquote: List of Quotes from The Talmud]. Retrieved fromhttps://en.wikiquote.org/wiki/Talk:Talmud.

Terence. (n.d.). BrainyQuote.com. Retrieved January 18, 2015, fromBrainyQuote.com Web site:http://www.brainyquote.com/quotes/quotes/t/terence378795.html.

Tillich, P. (1963). The Eternal Now. New York, NY; Scribner.

Trenfor, A. K. (2014, February 5). Philosiblog. [Online Blog

Article]. Retrievedfrom http://philosiblog.com/2014/02/05/the-best-teachers-are-thosewho-show-you-where-to-look-but-dont-tell-you-what-to-see/.

Vattimo, G. &Rovatti, P.A. (2013). Weak Thought: SUNY Series in Contemporary Italian Philosophy. New York, NY: State University of New York Press.

Viesturs, E. (2007). No Shortcuts To the Top: Climbing the World's 14 HighestPeaks. New York, NY: Broadway Books.

Watts, A. (1957). The Way of Zen. [Kindle for Android, 4.3.0.204]. Retrievedfrom Amazon.com.

Weixin, Q. (1949). Suzuki, D. (translator). Essays in Zen Buddhism. New York,New York: Grove Press.

Yalom, I. (1980). Existential Psychotherapy. Basic Books Publishers Inc. NewYork, NY.

Yalom, I. D. (1992). When Nietzsche Wept. New York: Basic Books.

Yalom, I. (2002). The Gift of Therapy: An Open Letter to a New Generation ofTherapists and Their Patients. Harper Collins Publishers Inc. New York,NY.

Yalom, I. (2008). Staring at the Sun: Overcoming the Terror of

Death. Jossey-Bass:San Francisco, CA.

Yalom, I. & Elkin, G. (1974). Everyday Gets a Little Closer: A Twice-Told Therapy.New York, NY: Basic Books.

Yang, M. C. (Ed.). (2017). Existential Psychology and the Way of the Tao:Meditations on the Writings of Zhuangzi. New York, NY: Routledge.

Zhuangzi, (1998). In Wandering on the Way: Early Taoist Tales and Parablesof Chuang Tzu. (V. Mair, Trans.). University of Hawaii Press, Honolulu,HI.

Zhuangzi, (2006). The Book of Chuang Tzu [Kindle for Android, 4.3.0.204]. (M.Palmer, Trans.). Retrieved from Amazon.com.

Zhuangzi, (2013). The Complete Works of Zhuangzi [Kindle for Android,4.3.0.204]. (B. Watson, Trans.). Retrieved from Amazon.com.